Geologie
der
Landschaft um Wien

Von

Dr. Leopold Kober
a. o. Professor der Geologie an der Universität Wien

Mit 60 Abbildungen im Text, 2 Sammelprofilen und einer geologisch-tektonischen Übersichtskarte

W0253861

Springer-Verlag Wien GmbH
1926

Additional material to this book can be downloaded from http://extras.springer.com

ISBN 978-3-7091-9577-2 ISBN 978-3-7091-9824-7 (eBook)
DOI 10.1007/978-3-7091-9824-7
Softcover reprint of the hardcover 1st edition 1926

Alle Rechte, insbesondere das der Übersetzung
in fremde Sprachen, vorbehalten.

Vorwort

Die geologisch so überaus interessante Landschaft um Wien, im Raume von der Donau bis zum Semmering, in ihren erdgeschichtlichen Erscheinungen weiteren Kreisen zu erschließen, ist die Absicht dieses Buches. Es ist darum möglichst einfach gehalten und mit reichstem Anschauungsmateriale ausgestattet. Doch werden auch fachwissenschaftliche Kreise manches Neue finden können. So dürfte die Arbeit, die die Frucht langjähriger Bemühungen ist, einem Bedürfnisse entgegenkommen. Fehlt doch bis heute eine auf moderner Grundlage aufgebaute und eingehendere Darstellung des geologischen Bildes der so reizvollen Wiener Landschaft.

Wien, Mai 1926

L. Kober

Inhaltsangabe

1. Einleitung

Die Landschaft um Wien. Oft blicken wir von einer der Warten hinaus in das Land. Weit reicht die Schau: Von den Ausläufern der Karpathen bis zu den Höhen des Wechsels, des Schneeberges. Im Norden begrenzt die dunkle Fläche des Waldviertels das Bild. Weich gebettet liegt inmitten der Berge das Wiener Becken.

Mannigfaltig sind die Formen und Farben, die Gestalten und Linien, die Gesteine, die Schichten der Berge, der Ebene. Mannigfaltig sind auch die Baupläne, nach denen in langem und wechselvollem Werden die Gegenwart gestaltet worden ist.

Wir finden in unserem Gebiete fast alle Formationen der Erdgeschichte vertreten. Manche davon sind in klassischen Ablagerungen bekannt. So ist unsere Gegend in dieser Hinsicht ausgezeichnet. Doch auch die großen Bauelemente der Landschaft sind in ihrem äußeren und inneren Aufbaue von außerordentlicher Eigenart und verleihen so unserer Landschaft und Wien ihre charakteristische geologisch-geographische Position.

Nord und Süd, Ost und West treffen sich hier und suchen sich zu durchdringen. Von Norden drängt im Waldviertel die böhmische Masse heran. Sie taucht aber unter die alpine Zone. In dieser ketten sich Alpen und Karpathen, die einen mit ihrem westlichen Stil, die anderen mit dem karpathischen. Im Wiener Becken dringen pannonische Züge in unser Land.

Echt alpine Luft umweht den Schneeberg. Wien liegt auf alpinem Boden. Doch auch andere Bauformen drängen heran. Und die Donau geht ihren alten Weg von Westen nach Osten.

Die geologische Erforschung unserer Landschaft beginnt mit dem Aufstieg der jungen Geologie zu Anfang des 19. Jahrhunderts. In Deutschland lehrte von 1780 an der „Vater der Geologie", A. G. Werner, an der Freiberger Bergakademie „Geognosie". Um dieselbe Zeit ist in Wien K. Haidinger tätig. Er gibt 1787 eine „systematische Einteilung der Gebirgsarten" und erhält für diese Arbeit von der Petersburger Akademie einen Preis.

Zu den **Begründern** der österreichischen Geologie ist Ignaz v. Born zu zählen, der nach dem Tode Werners eine Zeitlang auch dessen Nachfolger in Freiberg war. In diesen Anfangstagen der österreichischen Geologie wirkte in Wien auch der berühmte Mineraloge Mohs, der ursprünglich ein eifriger Verehrer und Verfechter der Wernerschen Schule war, später sich aber von ihr ganz abkehrte. So wirft der Streit der

Neptunisten (Werner) und der Plutonisten (Hutton) noch seine Schatten auf das Morgenrot der österreichischen Geologie, die damals ganz im Banne der montanistischen Arbeits- und Forschungsrichtung lag. Das war selbstverständlich; war doch die Geologie aus der Bergbaukunde, aus der Mineralogie hervorgegangen, bestand doch im alten Österreich reicher Bergbau.

Mit **Anfang der Vierzigerjahre** des 19. Jahrhunderts wurde die Geologie auch in Österreich **selbständig.** Es bildete sich im Winter 1845/46 unter Anregung von Franz v. Hauer, Moritz Hoernes und J. Patera der Verein der „Freunde der Naturwissenschaften", dessen Seele der nimmermüde Karl Haidinger war. Dieser Verein wurde bald wieder aufgelöst, da unterdessen (1847) die Akademie der Wissenschaften gegründet worden war und im Jahre 1849 die geologische Reichsanstalt entstand, in deren Händen von nun an die systematische geologische Erforschung Österreichs und unserer Heimat lag.

Die ersten geologisch-paläontologischen Arbeiten über unser Gebiet datieren von 1820. Inländische und ausländische Forscher beteiligten sich an der Grundsteinlegung der geologischen Erforschung unserer Heimat. Der Franzose C. Prévost lebte 1816 bis 1818 als Leiter einer Spinnfabrik in Hirtenberg und erkannte, daß die blauen Tone des Wiener Beckens diskordant zu dem Alpenkalk liegen und daß sie mit den Subapenninmergeln zu vergleichen seien. Von Ausländern haben noch Ami de Boué, Sedgwick und Murchison über unser Gebiet erdgeschichtliche Daten publiziert.

Die erste größere geologische Zusammenfassung ist vielleicht die Arbeit von P. Partsch, die im Auftrage des berühmten Botanikers v. Jacquin im Jahre 1831 bei Gerold in Wien erschien, unter dem Titel: „Die artesischen Brunnen in und um Wien". Nebst geognostischen Bemerkungen über dieselben. Die erste „geognostische Karte des Beckens von Wien und der Gebirge, die dasselbe umgeben, oder erster Entwurf einer geognostischen Karte von Österreich unter der Enns", stammt von P. Partsch aus dem Jahre 1843. Zu dieser Karte erschienen im Jahre 1844 auch die „erläuternden Bemerkungen".

Der weitere Fortgang. Es liegt nicht im Rahmen dieses Buches, eine eingehendere Darstellung der Geschichte der Geologie unseres Gebietes zu geben. Wir wollen nur ergänzend sagen, daß die Pioniere der österreichischen Geologie im Laufe der Zeit die Grundlagen der Geologie des Wiener Beckens und seiner Randgebirge geschaffen haben. Dankbar müssen wir da der Meister gedenken: Haidinger, Partsch, Hauer, Hoernes, Cžjžek, Stur, Sueß, Karrer, Fuchs u. a. Ganz besonders aber haben wir unseren Altmeister Eduard Sueß hervorzuheben, der als erster Professor der Geologie an der Universität Wien durch ein Menschenalter der geologischen Wissenschaft ein Führer war.

Ein Jahrhundert ist vergangen, seitdem Forscher sich mit der Geologie unserer Landschaft beschäftigen. Im Laufe dieser Zeit ist durch die verschiedenen (geologischen) Anstalten und Institute Wiens die geologische Erschließung rasch vorgeschritten. Dabei haben sich allmählich auch die Forschungsziele erweitert. Anfangs interessierte die Forscher in erster Linie die Frage nach dem Alter und der Gliederung der Schichten. So mußten die alten Pioniere die Stratigraphie, die Formationsfolge schaffen. In der Folgezeit traten dann die tektonischen Arbeiten mehr in den Vordergrund. Man versuchte, den inneren Bau des Gebirges zu erfassen. Hier verdanken wir E. Sueß, Cžjžek, Mojsisovics, Geyer und Bittner grundlegende Arbeiten. Noch jüngeren Datums sind die morphologischen Arbeiten, die von den Geographen, von Penck und Brückner ausgehen und die die äußere Landschaftsform darzustellen suchen. Dazu kommen noch Arbeiten über Erdbeben und über andere geologische Phänomene.

Hier müssen wir auch der Untersuchungen F. Beckes über die kristallinen Gesteine des Waldviertels gedenken. Diese waren für die Gliederung der kristallinen Schiefer von fundamentaler Bedeutung.

Lange und emsige Forscherarbeit hat im Laufe der Zeit ein festes Fundament der Erkenntnis geschaffen, auf dem wir heute fortbauen können. Freilich, manches mußte geändert werden. Das gilt besonders von den Anschauungen über den Bau unserer Alpen.

Die Gliederung der Landschaft ist eine recht deutliche. Wir können unser ganzes Gebiet in zwei große Zonen scheiden, in die alpine und die außeralpine. Erstere umfaßt die alpin-karpathische Region, letztere die (vorliegende) Zone des Vorlandes. Diese tritt uns im Dunkelsteiner Wald und im Waldviertel, den südlichsten Ausläufern der böhmischen (bojischen) Masse entgegen.

Das Verhältnis der beiden Zonen ist derartig, daß das Vorland die Küste bildete für das alpine Meer (alpine Geosynklinale). Die böhmische Masse ist aber auch das stauende Vorland, an dem sich die alpin-karpathischen Ketten brachen. Demnach ist das Vorland der ältere Bauplan, die alpine Zone der jüngere.

Wir teilen seit langem die Alpen in Zonen und sprechen von einer Zentral-, einer Grauwacken-, einer Kalk-, einer Flyschzone. Dazu kommt in unserem Gebiet noch das Wiener Becken, das in seinem weitesten Umfange in ein außeralpines Becken (die Molassezone) und in ein inneralpines Becken (Becken von Wien im engeren Sinne) geschieden werden kann.

Alle diese Zonen haben einen bestimmten geologischen Charakter. Das zeigt sich in der Schichtfolge (Stratigraphie), in der Struktur (Tektonik) im äußeren Landschaftscharakter (Morphologie), im seismischen, gravimetrischen (Schwere-) Verhalten, in den Bodenschätzen und anderen geologischen Erscheinungen.

Die geologische Geschichte unseres Gebietes läßt sich weit in die Vergangenheit verfolgen. Sie wird natürlich umso dunkler, je mehr wir in die Vorzeit zurückgehen. Sie ist im wesentlichen die Geschichte der Alpen und ihres Vorlandes. So lernen wir in der Landschaft um Wien die eigenartigen Phänomene der alpinen Zone kennen. Das ist das großartige geologische Schauspiel vom Kampf des Meeres mit dem Lande, in dem Sinne, daß aus dem Meere das Gebirge wird. Unsere Landschaft zeigt sozusagen Leben und Sterben der alpinen Geosynklinale, die Geschichte des großen zentralen Mittelmeeres, der Tethys, wie sie entsteht, wie sie sich weiterbildet, wie sie vergeht, wie aus ihr das Gebirge und damit die heutige Landschaft wird.

In der älteren geologischen Zeit, im Archäikum und Proterozoikum mögen die alten kristallinen Schiefer entstanden sein, die wir in den Gneisen, Glimmerschiefern, Marmoren und Eruptivgesteinen des Waldviertels und der Zentralzone der Alpen antreffen. Alle diese Gesteine sind fossiler, gefaltet, hochgradig verändert (kristallin). Es sind zum Teile magmatische Gesteine, zum Teile Sedimente. Sie haben ihre heutige Form infolge alter Gebirgsbildungen und Durchtränkung von magmatischen Massen erhalten, durch eine Umwandlung (Metamorphose) in größerer Tiefe, bei hohem Drucke, bei hoher Temperatur.

Wir wissen nichts näheres über das geologische Geschehen dieser Zeit in unserer Landschaft.

Im folgenden Abschnitt, der **jüngeren geologischen Zeit,** erhellt sich allmählich das geologische Werden unserer Landschaft.

Im Paläozoikum vollzieht sich in unserem Gebiete Wesentliches. Es entsteht mit Ende dieser Zeit das Vorland, die böhmische Masse (Waldviertel). Sie wird Festland, Kontinent und damit zum großen Eckpfeiler, an dem die Alpen entstehen können.

Im älteren Paläozoikum dehnte sich im südlichen und mittleren Europa das zentrale Mittelmeer, die Tethys, aus. In diesem großen und weiten Meere der paläozoischen Geosynklinale entstanden die mächtigen Sedimentmassen des Kambrium, des Ordovic, des Silur, des Devon, des Karbon. Im Karbon entstanden auch aus diesem Meere die paläozoischen Hochalpen, das variszisch-herzynische Gebirge. Die deutschen Mittelgebirge, die böhmische Masse sind Reste dieser Gebirge, die im Perm wieder abgetragen und mit dem Kontinente verschweißt worden waren.

So ist auch der Dunkelsteiner Wald, das Waldviertel, also der südlichste Teil der böhmischen (bojischen) Masse Land geworden.

Aus dieser Zeit stammt auch die Grauwackenzone der Alpen.

Im Mesozoikum ist die böhmische Masse Festland, Kontinent, die alpine Zone dagegen Meeresgebiet. Während also die böhmische Masse infolge der karbonen Gebirgsbildung gebildet worden war, brach in der alpinen Region das paläozoische Alpengebirge nieder und es drang neuerdings das Meer ein. Es bildete sich nun das große Mittelmeer des Mesozoikum, die mesozoische Tethys, die (eigentliche) alpine Geosynklinale, in der die mächtigen Sedimentmassen der Trias, des Jura, der Kreide abgelagert wurden. Um die Situation dieser Zeit richtig zu verstehen, muß man sich denken, daß die böhmische Masse als Land bis nahe an das Wechselgebiet heranreichte. Das Kalkalpenmeer dehnte sich aber erst südlich des Wechselgebietes aus. Wenn heute die Kalkalpen, diese typischen Sedimente der alpinen Geosynklinale nördlich vom Wechsel liegen, so kommt dies daher, daß sie eben infolge der großen Gebirgsbildungen dorthin geschoben worden sind.

Diese Gebirgsbildungen beginnen schon in der Kreide und schaffen die Vorläufer der Alpen, die Alpen der Oberkreide, der Gosauzeit.

Das Kaenozoikum ist in unserer Landschaft dadurch charakterisiert, daß die Gebirgsbildung, die Orogenese, immer weiter um sich greift. Die tertiäre Gebirgsbildung verdrängt immer mehr die Geosynklinale. An Stelle des weiten Kalkalpenmeeres tritt durch die Gosaugebirgsbildung das Flyschrandmeer. Dieses Meer muß infolge der miozänen Gebirgsbildung der Saumtiefe der Molassesee weichen. So nimmt die Geosynklinale nur mehr einen schmalen Randstreifen zwischen den Alpen und dem Vorland ein. Auch dieses Meer wird überschoben. Die Alpen setzen ihren Marsch auf das Vorland fort. Doch das Meer will nicht weichen und dringt nochmals in das junge Einbruchsfeld der Wiener Bucht ein. Aber auch dieses Meer verschwindet mit dem Ende der Tertiärzeit und findet sein letztes Asyl (in Europa) im Mittelmeer.

Im Quartär werden die Alpen immer mehr in die Höhe gepreßt. Sie werden infolge ausgedehnter Aufwölbungen (Epirogenese) zum eigentlichen Hochgebirge, das weithin vergletschert. Die Gletscher der Eiszeit dringen weit in das Vorland vor. Der Schneeberg zeigt am Fuße der „Breiten Ries“ noch eine deutliche Moräne der letzten Eiszeit.

In der jüngeren Eiszeit jagten im Donautale bei Krems bereits die Mammutjäger.

So ist im Laufe der Zeit das heutige Bild geschaffen worden. Es sind große geologische Vorgänge, die wir erkennen. Ihre Bedeutung wird uns noch klarer, wenn wir sie im Zusammenhange mit den **Vorgängen in Europa** betrachten.

Die beigegebene Strukturkarte Europas zeigt als Kern des Kontinentes die große russische Tafel, den Urkontinent von Europa, der in dieser Gestalt bereits mit dem Ende der älteren geologischen Zeit vorhanden war. Auf diesem Ureuropa liegen alle Formationen der Folgezeit flach, horizontal, ungefaltet, und nicht metamorph. Meist sind es echte kontinentale Sedimente oder sogenannte epikontinentale Meeresbildungen, die wie der russische Jura von Transgressionen herrühren. Diese russische Tafel ist altes erstarrtes Land, ohne wesentliche seismische und vulkanische Phänomene. Eine ähnliche erstarrte Scholle lag weit im Süden, den afrikanischen Kontinent bildend.

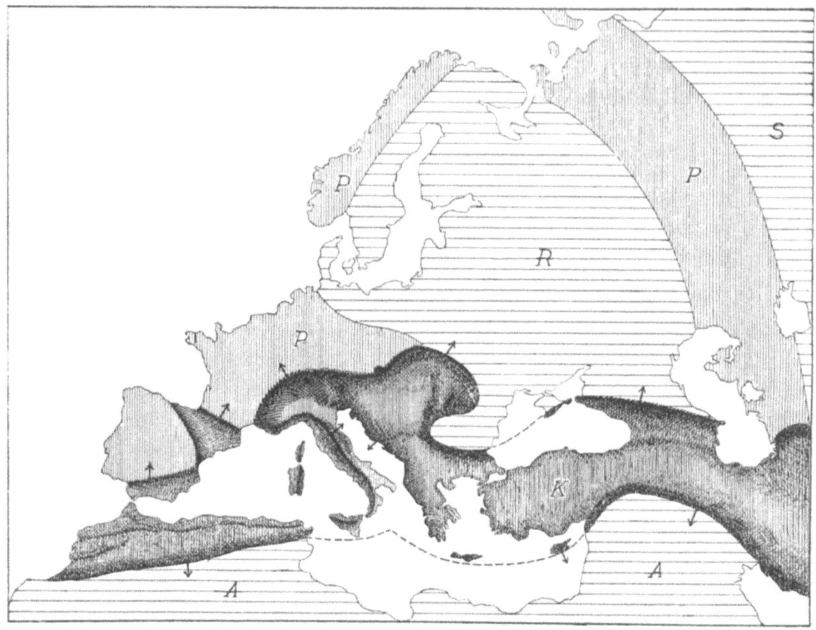

Abb. 1. Geotektonische Großgliederung Europas, das Werden des Kontinentes zeigend (L. Kober)

Die ältesten archäisch erstarrten Teile (Archäiden) sind: Die russische Tafel *R*, die sibirische *S*, die afrikanische *A*. Dazwischen die plastischen Zonen. *P* sind die im Paläozoikum gebildeten Regionen der paläozoischen Hochalpen (Paläoiden). *K* sind die mesozoisch-tertiären Kettengebirge (Mesoiden-Kaeniden). Dieses alpine Orogen zeigt zugleich auch die allgemeine Zweiseitigkeit der Bewegung. Der europäische Alpenstamm ist nach Norden bewegt, der afrikanische (Dinariden-)Stamm gegen Süden

Zwischen diesen beiden großen kontinentalen Schollen lag ein mehr plastisches Gebiet, das noch nicht so erstarrt war, das im Paläozoikum von dem großen paläozoischen Mittelmeere eingenommen war. Dieses Meeresgebiet ist nun durch zwei große Gebirgsbildungen weitgehend ausgepreßt worden. Zuerst entstanden die Kaledonischen Gebirge Mitteleuropas, von Schottland und Skandinavien (Ende Silur), dann die variszischen Alpen von Deutschland (Karbon). Alle diese Gebirge wurden verebnet und so durch die Faltungen dem Urkontinente von Europa, der russischen Tafel, angeschweißt.

So war das paläozoische Europa um Teile von West- und Mitteleuropa vergrößert worden. Aber es blieb noch eine plastische Restzone übrig. Diese nahm das Restmeer des Mesozoikum, die alpine Tethys, ein und dehnte sich zwischen Europa und Afrika aus. Aus dem Schoße dieses Meeresbodens entstiegen die jungen tertiären Kettengebirge. Durch ihre Entstehung verschwand das alpine Meer fast vollständig. Reste davon sind das heutige Mittelmeer, das Schwarze Meer, der Kaspisee. Durch die Entstehung der Alpen wurde die alpine Geosynklinale ausgepreßt, die Alpen selbst landfest und Afrika mit Europa zu einer Landmasse verbunden.

Was durch geologische Perioden Meeresgebiet war, ist heute Land, was früher weit auseinander lag, ist heute einander um vieles näher gerückt. Wir erkennen damit ein Erstarren der Erdrinde und ein Zusammenschweißen.

Es müssen Titanenkräfte am Werke sein. Von diesem Standpunkte aus werden wir auch leichter **die neuen Erfahrungen über den Bau der Alpen** verstehen können.

Es galt in der Geologie bis zum Beginn dieses Jahrhunderts wohl als selbstverständliche Tatsache, daß die Alpen autochthon seien, d. h., daß die einzelnen Zonen der Alpen an der Stelle entstanden seien, wo sie heute stehen. Es wäre niemanden eingefallen zu glauben, daß die Kalkalpen nicht an ihrem heutigen Platze geworden wären.

Diese Anschauungen haben sich nun gründlich geändert. Man hatte in den älteren Schollengebirgen schon große Überschiebungen kennen gelernt und der Schweizer Geologe Escher von der Linth erkannte in den Fünfzigerjahren des vorigen Jahrhunderts in den Schweizer Alpen große Überfaltungen.

1884 sprach M. Bertrand die kühne Anschauung aus, daß es in den Schweizer Alpen große Schubmassen gäbe. Zehn Jahre später zeichnete H. Schardt bereits Profile der Schweizer Voralpen, die diese als überschobene Gebirgsmassen betrachteten. Bereits zehn Jahre später führte M. Lugeon diese „Deckentheorie“ in den Westalpen zum Siege. Die neue Lehre wurde allgemein angenommen. So war die alte hundertjährige „Erfahrung“ von der Bodenständigkeit der Alpen und ihrer Zonen gefallen.

Um dieselbe Zeit und etwas später (1903 bis 1906) haben P. Termier und E. Haug den Deckenbau der Ostalpen nachzuweisen versucht. Aber alle ostalpinen Geologen erhoben sich gegen die neue Auffassung. Nur E. Sueß folgte.

In Österreich trat dann auch V. Uhlig für die neuen Anschauungen über den Aufbau unserer Alpen ein und bemühte sich selbst in intensivster Arbeit um die neuen Vorstellungen. Diese sind inzwischen weiter ausgebaut worden. Sie haben der Geologie und den Nachbardisziplinen neues Leben eingehaucht. Kein alpiner Geologe kann heute ohne „Decken“ in den Alpen arbeiten. Wenn es dennoch noch Forscher gibt, die die Alpen als autochthon betrachten, die die Deckenlehre heute noch als müßige Spekulation abtun, so ist dies nur mehr verwunderlich.

Auch in **unserem Gebiete läßt sich der Deckenbau der Alpen** schön erkennen. Von hier sind in der Tat auch erste Versuche in dieser Hinsicht ausgegangen. So habe ich mich seit 1906 bemüht, den Deckenbau unserer Alpen aufzuzeigen. Im Jahre 1912 konnte ich zum ersten Male eine zusammenfassende Darstellung des Deckenbaues der Nordostalpen geben, die im wesentlichen so richtig war, daß ich sie hier, nur noch besser fundiert, wiederholen kann.

Für das Semmeringgebiet hat H. Mohr Grundlagen geschaffen. Den Deckenbau des Flysches hat in jüngster Zeit K. Friedl aufgezeigt.

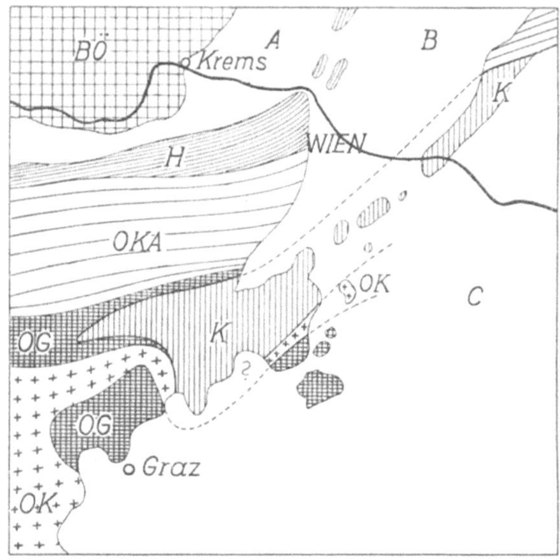

Abb. 2. Gliederung der Landschaft um Wien (L. Kober)

Das Vorland der böhmischen Masse *BÖ*. Die alpine Zone und zwar: *H* = der helvetische Flysch (Sandsteinzone). *K* = das karpathische Gebirge. Diese Zonen sind autochthon. Das ostalpine Deckengebirge, und zwar: *OK* = das ostalpine Kristallin. *OG* = die ostalpine Grauwackenzone im Norden und Süden des Kristallin. *OKA* = die ostalpine Kalkzone. Die jungen tertiären Becken. *A* = das außeralpine (Molasse). *B* = das inneralpine. *C* = das pannonische

Wir erkennen in unserer Landschaft die helvetische Decke in der Sandsteinzone. Ostalpin sind dagegen die Kalk- und die Grauwackenzone. Das Wechsel- und das Semmeringgebiet fassen wir als karpathische Zone zusammen.

Wir müssen uns denken, daß die Kalkalpen- und die Grauwackenzone eine gewaltige Schubmasse, die ostalpine Decke bilden, die von Süden über den Wechsel hergeschoben worden ist. Dieses fremde ostalpine Gebirge liegt auf dem helvetisch-karpathischen Untergrunde. (Siehe das beigegebene Übersichtsprofil.)

Wenn wir vom Sonnwendstein gegen die Rax schauen, so sehen wir die Alpen auf den Karpathen liegen; denn der Wechsel, der Sonnwendstein ist echtes Karpathenland, so wie der Schneeberg und die Rax echtes ostalpines Gebirge sind. Zwei Gebirge liegen übereinander, die an der Donau nebeneinander liegen.

Die Ostalpen sind ein höheres Gebirge als die Karpathen. Die Ostalpen liegen als große Schubmasse auf dem autochthonen karpathisch-helvetischen Gebirge.

In unserem Gebiete kommt die penninische Decke nicht zu Tage. Es ist das jene tektonische Einheit, die man früher auch als die lepontinische Decke bezeichnet hat und die in den Hohen Tauern vom Katschberg bis an den Brenner vorhanden ist. Man müßte in unserem Gebiete die penninische Zone südlich des Wechsels und nördlich des ostalpinen Ablagerungsraumes annehmen.

Abb. 3. Blick vom Sonnwendstein gegen den Schneeberg (Aufnahme L. Kober)
Im Vordergrunde das karpathische Gebirge mit den Semmeringkalken (*S*). Darüber das ostalpine Gebirge. Im Mittelgrunde die Grauwackenzone, darüber die Kalkalpen (Rax und Schneeberg)

Wir werden die Entstehung unserer Alpen am besten verstehen, wenn wir uns die ganze Grauwacken- und Kalkalpenzone abgehoben, wenn wir diese Schubmasse in ihr Ursprungsland zurückversetzt denken. Die Heimat der Kalkalpen muß weit im Süden des Wechsels, in der Fortsetzung der Karawanken nach Osten hin gesucht werden.

Vielleicht wird einmal dieses fremde hergeschobene Gebirgsland, das wir so gerne als das typische heimische angesehen haben, von der Erosion abgetragen werden und vielleicht nur mehr einzelne Reste, Klippen, wie wir auch sagen, übrig bleiben. Wenn das der Fall ist, dann wird das eigentliche heimische Gebirge sichtbar.

Rückblick. Wenn wir unsere Landschaft verstehen, wenn wir die geologischen Prozesse der Erde, unseres Gebietes begreifen wollen, dann müssen wir auch unsere Landschaft auf das genaueste im einzelnen erforschen. Da gibt es heute noch viel zu tun. Wir müssen zugleich aber auch den Blick auf das Große richten, um das Ganze überschauen zu können.

In gewaltigem Bogen dringen die Alpen vom Meere gegen die Donau vor. Im Osten spalten sich die Alpen. Ein Ast geht als Karpathen gegen Norden. Im Süden zweigen die Dinariden ab. Dazwischen liegt das große Zwischengebirge. Während die Dinariden gegen Süden bewegt sind, sehen wir in dem Nordstamme des Gebirges überall Nordbewegung, Bewegung gegen außen, auf das Vorland.

Bei Wien ketten sich an die Alpen die Karpathen. In großem Bogen schwenkt die alpin-karpathische Kette um das Vorland herum. An der böhmischen Masse stauen sich die nordwärtswandernden Gesteinswogen der alpinen Zone, so wie einst die Wogen der Tethys sich an der böhmischen Küste brachen

So dringt von Norden her die böhmische Masse heran. Sie taucht aber unter die Alpen. Von Westen kommen die Alpen, von Osten die Karpathen. Im Wiener Becken erkennen wir pannonische Einbrüche. So ergeben sich an der Donau bei Wien mannigfaltige Baupläne, die dem Lande und der Stadt von alters her ihren Stempel aufprägen.

Es wird nun die Aufgabe der folgenden Abschnitte sein, den geologischen Aufbau der einzelnen Zonen aufzuzeigen. Daraus wird sich das Bild der Oberfläche und des Untergrundes ableiten lassen. Hier sei nur noch auf die beigegebene Übersichtskarte und auf die Sammelprofile verwiesen. Die Karte gibt einen Einblick in den Grundriß des komplizierten Aufbaues, den die Profile im Aufriß schematisiert wiedergeben. Übersichtstabellen über die Gestaltungsgeschichte unserer Landschaft sollen unser heutiges Wissen kurz zusammenfassen.

2. Die böhmische Masse

Allgemeines. Die böhmische Masse erscheint Nord und West des Raumes Krems—St. Pölten—Melk und baut im Dunkelsteiner Wald, im Waldviertel den Südostpfeiler des Massivs, das auf unserer Karte nur mehr mit einem Stück bei Hadersdorf erscheint. So wird die böhmische (bojische) Masse hier nur soweit besprochen, als für das Verständnis unserer Landschaft notwendig ist.

Die böhmische Masse bildet das Vorland der alpin-karpathischen Zone, das stauende Massiv, an dem die alpinen Ketten branden und herumschwenken. So ist dieses Vorland älter als die Alpen.

Groß ist der Gegensatz zum alpinen Bau. Nirgends sehen wir auf dem böhmischen Massiv die jungen alpinen Züge. Nirgends zeigt die Landschaft alpine Formen, nirgends treffen wir alpine Gesteine und die großen jungen alpinen Dislokationen.

Eine Hochebene liegt vor. Eine Fastebene geht über einen alten Bau. Der zeigt alte kristalline Gesteine. Junge Gesteine fehlen fast gänzlich. Bei Zöbing ist ein Rest von permischen Schichten vorhanden.

Trias, Jura, alpine Kreide, so reich, so typisch in den Alpen entwickelt, fehlen auf der böhmischen Masse gänzlich. Erst die erste Mediterranstufe (Miozän) ist wieder vorhanden.

Die böhmische Masse zeigt einen alten Gebirgsbau, der im Karbon entstanden ist. Die orogene Bewegung führte zur Landwerdung der böhmischen Masse. So bildete diese später die Küste der alpinen Tethys.

Große Aufgaben und Probleme bietet die böhmische Masse dem Forscher. Der Petrograph findet reichste Anregung, und F. Becke war es, der frühzeitig die Gesteine des Waldviertels untersuchte und von hier aus zu einer neuen Gliederung der kristallinen Gesteine kam.

Zugleich waren die Ablagerungen der tertiären Buchten des böhmischen Massivs, die Eggenburger —, die Horner Bucht die klassischen Gebiete der Ablagerungen der ersten Mediterranstufe.

F. E. Sueß kam zu neuen grundlegenden Anschauungen über den Aufbau (die Tektonik) der böhmischen Masse. Er erkannte einen gewaltigen Überschiebungsbau (Deckenbau).

Die böhmische Masse dringt in ihren Auswirkungen auch tief in die Alpen hinein. An einer Linie, die von Altenmarkt gegen Gloggnitz zieht, erkennen wir das Umschwenken der Alpen in die karpathische Richtung.

Die Gesteine der böhmischen Masse sind z. g. Teile kristalline Schiefer. Wir haben zwei Gesteinszonen zu scheiden: die moldanubische und die moravische Zone. Eine scharfe tektonische Linie scheidet beide. Diese Linie läßt sich von Krems über Horn hinaus verfolgen und ist eine Überschiebungslinie erster Ordnung, an der die moldanubische Scholle über die moravische hinwegbewegt worden ist.

Die beiden Gesteinsserien sind fundamental verschieden, insoferne als die Hauptmasse der westlich gelegenen moldanubischen Zone zum großen Teil aus kristallinen Gesteinen der unteren Tiefenstufe aufgebaut ist. Dazu kommt noch der große südböhmische Granit, der an der Donau bei Sarmingstein beginnt.

Die Wachau wird von den alten hochkristallinen Gesteinen der moldanubischen Zone gebildet. Längs des Donautales kann man diese Gesteine sehr schön studieren. Es sind hochveränderte Sedimente, die in der Form von Gneisen, von Marmoren erscheinen. Dazu kommen aber auch Eruptivgesteine, saure und basische.

Die moldanubischen Gesteine sollen in großer Tiefe, bei hohem Drucke, bei hoher Temperatur, bei der allgemeinen Durchwärmung durch die große Granitintrusion entstanden sein.

F. E. Sueß glaubt, daß in den Sedimenten auch paläozoische Gesteine, vielleicht solche von der Art des böhmischeu Paläozoikum, enthalten seien.

Interessant sind z. B. die Verhältnisse an der Grenze des Granites und der kristallinen Schiefer, die man bei Sarmingstein beobachten kann.

Man sieht im Granit noch nebelhafte Reste von den Schiefergneisen, ein Beweis, daß diese vom Granit aufgeschmolzen worden sind. Und doch ist anderseits die Grenze gegen die Schiefergneise scharf.

Unter den moldanubischen Gesteinen erkennen wir ältere und jüngere Abteilungen. Die ersteren werden wahrscheinlich dem Archäikum oder dem Proterozoikum angehören. Marmore, Graphite, gewisse Intrusiva mögen paläozoisch sein.

Die Gesteine, die im Moldanubischen sich finden, sind: Granulite, Eklogite, Amphibolite, der Gföhler Gneis. Dazu kommen Sedimentgneise vom Habitus der Schiefergneise, die weit verbreitet sind (Cordierit-, Sillimanitgneis). Marmore, Kalksilikate, Graphite finden sich.

Einen großen Teil des böhmischen Massivs baut auf der Strecke von Passau bis Grein a. d. Donau der böhmische Granit.

In der moravischen Zone finden wir dagegen nur kristalline Schiefer der mittleren Tiefenstufe, also weniger metamorphe Gesteine. Hier treffen wir Kalke, Schiefer, Konglomerate, Glimmerschiefer, Gneise und eruptive Körper. (Eggenburger Granit.)

Die Gneise, wie der Bittesche Gneis sind verschieferte Granite, die mit den anderen Gesteinen verfaltet sind. Nirgend finden wir hier die hohe Metamorphose der moldanubischen Zone.

Tektonik. Dieses eigenartige Verhältnis kann man nur verstehen, wenn man annimmt, daß diese zwei so verschiedenen Gebirgsmassen einst weiter von einander entstanden sind und erst später einander näher gebracht wurden. Dabei ist die westliche Zone der östlichen aufgeschoben worden. Das kann man in der Natur deutlich sehen. Das allgemeine Bild ist, daß die moravischen Gesteine unter die moldanubischen untertauchen. Sie sind also von letzteren, wahrscheinlich vom Westen her überschoben.

Wir erkennen in der böhmischen Masse einen alten Gebirgsbau, der im Karbon entstanden ist. In gewaltigen Überschiebungen ist aus der paläozoischen Geosynklinale das jungpaläozoische Gebirge geworden. Im Perm war es bereits wieder abgetragen. Rotliegendes liegt bei Zöbing horizontal und transgressiv auf der Fastebene des karbonen Gebirges. Mit dieser Gebirgsbildung ist die böhmische Masse erstarrt und kontinental geworden.

Die jüngere Geschichte des böhmischen Massivs ist relativ einfach. Alle Schichten des Mesozoikum, des Alttertiär fehlen. Nur die Bildungen der ersten Mediterranstufe legen sich an und auf den Rand des Massivs. Es sind zum Teil kohleführende Schichten, zum Teil ist es Schlier. Bei Eggenburg und Horn liegen auf dem Massiv die klassischen Eggenburger und Horner Schichten.

Weithin ist heute auf der böhmischen Masse eine Verebnungsfläche zu erkennen. Vielfach liegen auf ihr und an den Ufern der Donau tertiäre und quartäre Schotter. Die Donau selbst ist tief in das Massiv eingeschnitten. Dieses hat in junger Zeit eine Hebung erfahren.

Dislokationen jungen Datums umgeben den Rand des Massivs. Sie treten insbesonders an der Donau hervor. Nowak und Petraschek haben solche Randbrüche der böhmischen Masse nachgewiesen. Sie hängen mit dem Hinabtauchen des Massivs unter das Molasseland, unter die Alpen zusammen.

Die Randbrüche ahmen vielfach die alte Tektonik nach, zum Teil schneiden sie auch diese. Alte Tektonik zeigt längs der Donau vielfach ein Streichen von NW gegen SO, während von Krems gegen Znaim zu NO gerichtetes Streichen herrscht.

Literatur: Cžjžek verdanken wir eine erste geologische Karte des Waldviertels. Eine neuere geologische Karte hat F. Becke herausgegeben. Von F. E. Sueß stammt die tektonische Gliederung der Zonen. Tertsch hat den Dunkelsteiner Wald kartiert. Das Blatt St. Pölten von F. E. Sueß zeigt glimmerreiche Gneise, granatführend, mittelkörnige Aplitgneise, Granulite, Granulitgneise, dann Diorite, porphyrische Hornblendegneise, kristalline Kalke, also eine Reihe der charakteristischen moldanubischen Gesteine.

In letzter Zeit hat L. Waldmann eine Zusammenfassung des Waldviertels gegeben. Wer sich für das Gebiet interessiert, sei auf diese Arbeit besonders verwiesen. Dort ist auch die Literatur angegeben; so die Arbeiten von Himmelbauer, Reinhold, Marchet, Kölbl, Köhler, Gerhard Grengg u. a.

3. Die Zentralzone

Zur Erforschungsgeschichte. Die Zentralzone der Alpen bildet gleichsam deren Rückgrat und wurde von jeher für den ältesten alpinen Teil gehalten; daher auch der Name. L. v. Buch glaubte, daß die Zentralkette der Alpen mit ihren Graniten, Zentralgneisen die Ursache der Entstehung der Alpen wäre. Indem die Granite, die eruptiven Körper aufdrangen, schoben sie die randlichen Teile (die Kalkalpen) zur Seite. So wären die Alpen entstanden.

Wir glauben heute derartiges nicht mehr. Wir wissen zudem auch, daß die „Zentralzone" nicht die „älteste" Zone der Alpen ist. Es gibt in ihr auch junge mesozoische Gesteine. Solche finden sich auch in der Zentralzone unserer Heimat, die den Wechsel, das Rosalien-, das Leithagebirge aufbaut und jenseits der Donau in die Kleinen Karpathen fortsetzt.

Man war lange Zeit der Meinung, daß der Wechsel mit seinen alten Gesteinen, mit seinen „alten" Formen ein altes Gebirge sei, ein Rumpf-, ein Schollengebirge, das älter wäre als die anschließenden Teile der Alpen. Dies kann aus dem einfachen Grunde nicht möglich sein, da im Wechsel auch mesozoische Kalke mitgefaltet sind. So ist der Bauplan jung.

Frühzeitig erkannte Cžjžek den Zusammenhang des Wechsels mit den Karpathen. In den Siebzigerjahren fand Tschermak zum ersten Male mesozoische Fossilien in den Semmeringkalken, die Foetterle zur Zeit des Bahnbaues noch für silurisch gedeutet hatte. Toula konnte dann nachweisen, daß in den Semmeringkalken eine Vertretung des Mesozoikum vorläge, das auch dem der Radstädter Tauern nahestünde.

So erkannte man allmählich, daß im Semmering-Wechselgebiet die Brücke von Alpen und Karpathen lag, daß neben den altkristallinen Gesteinen auch mesozoische Kalke und Dolomite in weiter Verbreitung vorhanden wären. Man nannte diese Entwicklung des Mesozoikum, im Gegensatz zu der der Kalkalpen, die zentralalpine Fazies.

In der Folgezeit (1910) konnte H. Mohr zeigen, daß im Semmering ein komplizierter Deckenbau vorhanden sei. Mohr glaubte hier mit Sueß, Uhlig eine Vertretung der „lepontinischen" Decken annehmen zu können. Später nannte ich diese Semmeringdecken (unter-) ostalpin und war mit Sueß, Uhlig, Mohr der Auffassung, daß in den „Semmeringdecken" die Radstädter Tauern wieder zum Vorschein kämen.

Demnach wären diese Decken Teile der ostalpinen Decke. Ihre Heimat wäre weit im Süden zu suchen. Ich habe an anderer Stelle zu zeigen versucht, daß wir besser tun, wenn wir im Sinne der karpathischen Geologen, wie dies auch Mohr neuerdings (1919) getan hat, annehmen, der Wechsel sei autochthon.

Im Jahre 1921 hat F. Trauth die Meinung ausgesprochen, ob im Semmering nicht etwa penninische Teile vorhanden wären.

Nach unserer neuen Auffassung gehört das Wechsel-Semmering-Gebiet mit dem Leithagebirge und den kleinen Karpathen zur Zone der karpathischen Kerngebirge, die für autochthon angesehen werden. Damit gelangen wir zu einer großen Einheit, die ich als die „karpathische Zone" bezeichne, die süd des Helvetischen und nord des Penninischen liegt, die vielleicht ein Analogon zum Gotthard-, zum Mont Blanc-Massiv ist.

Diese Zone hat eine ganz bestimmte geologische Geschichte, die im Wechsel fast die gleiche ist wie in den Kleinen Karpathen. So hat der Wechsel schon karpathische Züge. Die Karpathen endigen also nicht an der Donau. Sie ziehen durch das Leithagebirge, den Wechsel, weithin in die Alpen und erst bei Aflenz, Bruck a. d. M., dann in der Stanz ist eine Grenze. Hier taucht die karpathische Zone des Wechsels unter die Ostalpen.

Im Semmering liegen die Ostalpen über den Karpathen. Wenn man vom Sonnwendstein gegen die Kalkalpen blickt, so sieht man über den kristallinen Gesteinen des Wechsels die weißen Kalkmauern der Semmeringkalke, die im Sonnwendstein, dann längs der Bahnlinie durch das Gelände ziehen.

Diese „karpathische Kalkalpenzone" fällt überall unter die Grauwackenzone ein. Auf der liegt erst die Kalkalpenzone der Ostalpen. So liegen hier zwei Gebirge übereinander, die ursprünglich weit voneinander zur Ablagerung gelangt sind. (Siehe auch Abb. 3.)

Autochthon (heimisch) ist die Semmeringtrias. Fremd und überschoben, weit aus dem Süden hergekommen ist die Schubmasse der Ostalpen, die unten die Grauwacken-, oben die Kalkalpendecke erkennen läßt.

Abb. 4. Die karpathischen Semmeringkalke unter der Grauwackenzone

Die Semmeringkalke *S* fallen unter das ostalpine Karbon *K* der Grauwackenzone *G*. Darüber die ostalpine Kalkzone der Rax *O* (Nach einem käuflichen Lichtbilde)

Als Heimat dieser gewaltigen Schubmassen nehmen wir die Fortsetzung der Karawanken (gegen Osten zu) an.

Durch die Überschiebung des Wechsels durch die ostalpine Deckenmasse, durch das allgemeine Vordringen der Alpen auf die böhmische Masse ist auch im karpathischen (autochthonen) Gebirge ein beträchtlicher Deckenbau entstanden, der dem der helvetischen Decke der Schweizer Alpen gleicht.

Mohr konnte 1910 bereits drei Teildecken unterscheiden. Die tiefste bildet den Wechsel. Er nannte sie darum Wechseldecke. Höher liegt die Kernserie, zu oberst liegt die Tachenberg-Teildecke. Vetters, Heritsch und Kober haben Beiträge zur Tektonik der Semmeringdecken gebracht. Die einzelnen Decken sind zum Teil in ihrem Gesteinsaufbau verschieden. Man kann sagen, daß speziell die tiefste ihren eigenen Aufbau hat und im wesentlichen aus Wechselgneis und Wechselschiefer (oben) mit spärlichem Mesozoikum besteht, während die höheren Decken in sich wieder mehr einheitlich sind und relativ viel Granit führen. Auch ist das Mesozoikum in ihnen reichlicher entwickelt.

Die Gesteine, die die Zentralalpen des Wechsel-, des Rosalien- und Leithagebirges zusammensetzen, sind zum überwiegenden Teile alte kristalline Schiefer, wie Gneise, Glimmerschiefer, Amphibolite, dann auch Phyllite und Schiefer. Dazu kommen Granite, die jüngeren Alters sein mögen als die Gneise und Glimmerschiefer. Diese Gesteine sind in ihren jüngeren Teilen paläozoisch. Ältere Teile mögen proterozoisch oder sogar archäisch sein.

Dem Mesozoikum gehören die Kalke, Dolomite und Schiefer an, die insbesondere im Semmeringgebiete hervortreten.

Noch jünger sind die heute sporadisch vorkommenden Süßwasserablagerungen von Kirchberg, Aspang und anderen Orten, die dem Miozän zuzuteilen sind.

Diese Schichten haben nicht mehr die große Alpenfaltung mitgemacht und gehen über den Deckenbau des ganzen Gebirges hinweg. Auch waren diese kohleführenden Schichten zur Zeit ihrer Entstehung weithin über dem Gebirge vorhanden. Sie sind aber später, als das Gebirge in die Höhe gehoben worden ist, vielfach abgetragen worden. So sind heute nur mehr Reste vorhanden, die später besprochen werden sollen. (Siehe Abschnitt „Das Wiener Becken".)

Für den Aufbau unseres Gebietes sind auch die diluvialen Bildungen (Schotter u. dgl.) von untergeordneter Bedeutung.

So haben wir in erster Linie das Grundgebirge und das Mesozoikum als die Hauptbausteine unseres Gebietes zu betrachten.

Die ältesten Gesteine mögen die Gneise und Glimmerschiefer sein. Auf diesen mögen in paläozoischer Zeit Schiefer und Kalke zur Ablagerung gelangt sein. Alle diese Gesteine würden dann gegen Ende des Paläozoikum zu den paläozoischen Hochalpen aufgefaltet worden sein und mit dem böhmischen Massiv eine Einheit gebildet haben.

Bei dieser Gebirgsbildung mögen grobe Porphyrgranite eingedrungen sein und das Gebirge durchschwärmt und durchädert haben, wie das auch beim südböhmischen Granit der Fall war. Der Granit erzeugte an den umgebenden Gesteinen eine Kontaktmetamorphose. Neue Minerale, wie Biotit, Hornblende, Granat, entstanden. Zu dieser Intrusion gehören wahrscheinlich auch die Aplite, die Pegmatite, Quarzadern, die im Gebirge häufig vorkommen.

Dieses so entstandene Gebirgssystem wurde wahrscheinlich abgetragen. In der Permzeit, in der älteren Trias wurden in wüstenähnlichem Gebiet Dünen zu Quarziten verfestigt. In der jüngeren Trias kam dann das Meer. Es wurden Dolomite, Kalke und Schiefer abgelagert, im Jura Kalke. Kreide oder alttertiäre Gesteine sind dagegen nicht bekannt.

Durch die jüngere alpine Gebirgsbildung wurden die alten kristallinen und die mesozoischen Gesteine überfaltet, in Schubmassen übereinandergeschoben. So entstand der heutige Bau. Dabei wurden die Gesteine vielfach arg hergenommen. Sie erlitten neuerdings eine Metamorphose. Diese ist aber mehr eine oberflächliche, mechanische. Diese Dynamometamorphose schieferte die Granite zu Gneisen; die Kalke und Dolomite wurden vielfach zertrümmert, mylonitisiert. Dabei entstanden neue Minerale, wie Serizit, Muskovit, Chlorit, Epidot, die sogenannten schieferholden Minerale der oberen Tiefenstufe.

So hat die alpine Bewegung, die alpine Metamorphose die Gesteine neuerdings, wenn auch in geringem Grade, verändert, die alte Kontaktmetamorphose besonders an den großen Bewegungslinien verwischt und in rückschreitender Metamorphose (Diaphthorese nach F. Becke), neue Gesteinstypen geschaffen. (Mohr.)

Es ist nicht möglich, im Gebiete der alten kristallinen Schiefer eine genauere Stratigraphie aufzustellen. Dies gelingt erst bei den mesozoischen Schichten, wenngleich es auch hier oft recht schwer ist, an Ort und Stelle das Alter der Schicht anzugeben. Dies kommt daher, daß Fossilien selten sind.

Die mesozoische Schichtfolge des Semmering-Wechselgebietes hat Ähnlichkeit mit der Schichtfolge der hochtatrischen Entwicklung (Fazies), insoferne als basal permisch-triadische Quarzite liegen. Darüber kommen wenig mächtige Triasdolomite. In das Rhät und den Lias gehören die Pyritschiefer, in den höheren Jura Kalke. Damit schließt nach unseren heutigen Erfahrungen die Schichtfolge.

Das Semmeringmesozoikum zeigt auch Anklänge an das der Radstädter Tauern. Doch fehlen im Semmering die für die Tauern so charakteristischen Brekzienbildungen des Jura. Es ist auch darauf hingewiesen worden, daß die Semmeringtrias der des Mont Blanc gleiche.

Dies wird heute wieder von Interesse, weil dadurch der autochthone Charakter des Wechselgebietes betont wird. Nimmt doch nach dieser Auffassung der Wechsel eine ähnliche Stellung ein, wie das Massiv des Mont Blanc. (Es ist wie dieses parautochthon.)

Fossilien sind nur wenige bekannt. Die Quarzite, Quarzitschiefer, die darauffolgenden Rauchwacken sind fossilleer. Die Triasdolomite haben Gyroporellen geliefert. Die Rhätschiefer führen eine karpathische Fauna (Brachiopoden und Bivalven, so *Anomia alpina*, *Mytilus minutus*, *Avicula contorta* u. a.). Aus den Liasschiefern stammen *Pentacrinus*-Reste. Die höheren Jurakalke sind wieder fossilleer, mögen aber dem Tithon angehören. Die karpathische Kreide (Gault) ist vom Semmering nicht bekannt.

Charakteristik des Semmeringmesozoikum. Diese Entwicklung des Mesozoikum steht der der Kalkalpen recht fremd gegenüber. Sie ist erstens unvollständiger und damit von geringerer Mächtigkeit. Sie ist auch kalkärmer. Zweitens fehlen ihr die reichen kalkalpinen Faunen. Drittens zeigt sie eine gewisse Metamorphose. Das Kalkalpenmesozoikum ist die typische ostalpine, geosynklinale Entwicklung (Fazies). Das Semmeringmesozoikum dagegen ist eine mehr außeralpine Entwicklung, im Grenzgebiet der Geosynklinale und des Vorlandes entstanden.

So kann man verstehen, wie dem Semmeringmesozoikum gerade die typischen kalkalpinen Schichten fehlen, so der Werfener Schiefer, der Lunzer Sandstein, der Dachsteinkalk, der alpine Lias, der alpine Jura, die alpine Kreide.

Faziesgebiete, die ehemals weit auseinanderlagen, liegen heute unmittelbar neben- und übereinander. Die Kalkalpen des Semmerings, der karpathischen Zone liegen unter den Kalkalpen der Ostalpen. Dies sieht man nirgends so schön wie am Semmering. (Abb. 3 und 4.)

Wir kommen damit zur **Tektonik,** zum Aufbau des Semmering-Wechselgebietes.

Ein großartiger Deckenbau ist vorhanden. Decken von 20 km Länge sind erkannt worden. Sie wälzen sich alle in der Richtung von Süden gegen Norden, legen sich wie Zwiebelschalen übereinander. Im Wechsel kulminiert der ganze Deckenbau. Hier kommt die tiefste Decke zum Vorschein, die Wechseldecke. Die höheren Decken sind hier abgetragen. So erscheint das Wechselfenster.

Von der Kulmination der Wechseldecke fallen die Decken nach allen Richtungen ab. So entsteht ein großer Kuppelbau, der sich gegen Osten, Süden, Westen und Norden abdacht.

Im Norden taucht der karpathische Bau mit den Semmeringkalken unter die ostalpine Grauwackenzone hinab. Dies sieht man überall im Semmeringgebiet. Im Osten und Süden senkt sich das karpathische Gebirge unter die tertiären Ebenen. Im Westen, in der Stanz, fallen die Semmeringkalke, wie Heritsch und Kober vor Jahren schon gezeigt haben, unter das ostalpine Altkristallin, das auch das Grazer Paläozoikum trägt.

Ist im Norden die Grenze gegen die ostalpine Zone ungemein scharf und eindrucksvoll, so ist eine solche scharfe Grenzlinie mangels genauerer Untersuchungen im Raume gegen Kirchschlag, gegen Birkfeld bisher nicht erkannt. Doch werden auch hier eingehende Untersuchungen Aufklärung bringen.

Was nun den Detaildeckenbau anbelangt, so gibt die beigegebene Karte einen guten Überblick.

Die tiefste Decke ist **die Wechseldecke,** die den Wechselstock aufbaut. Sie grenzt sich von der höheren Decke längs der großen Überschiebungslinie ab, die von Aspang gegen Kirchberg, von da über die Südseite des Sonnwendsteins gegen den Pfaffen, weiter gegen Vorau zu verfolgen ist.

Auf der ganzen Linie taucht die Wechseldecke unter die höhere Deckeneinheit, die im Osten die Kirchbergserie, im Westen das Stuhleck bildet.

Auf der Westseite schaltet sich zwischen das Kristallin der Wechseldecke (K_1) und das der Stuhleckdecke (K_2) das breite, mesozoische Band der großen Pfaffenmulde.

Wenn man das Profil hier überquert, so kommt man aus den Wechselschiefern in die Quarzite, dann in ein Band von Rauchwacken und Kalken, dann wieder in Quarzite, über denen sich das Kristallin des Stuhlecks aufbaut. Diese Struktur ist der typische Bauplan einer Deckensynklinale. Sie zeigt im innersten Kern das arg zertrümmerte und auf wenige Meter reduzierte mesozoische Sedimentband.

Auf der Ostseite fehlt zum großen Teile das Mesozoikum. Nur Schollen stellen sich davon bei Kirchberg, bei Aspang ein und zeugen dafür, daß auch hier die große Fuge durchgeht.

Die Wechseldecke bildet eine große Kuppel, die allseits abdacht und unten aus Wechselgneisen und oben aus Wechselschiefern besteht. Von letzteren glaubte man, daß sie pflanzenführend und Karbon seien. Im allgemeinen wird letzteres zutreffen. Man wird richtig gehen, wenn man in den Wechselschiefern paläozoische Elemente sieht, so eine Art Grauwackenzone. Älter sind die Wechselgneise, die zum Teile vielleicht auch infolge einer hochgradigen Kontaktmetamorphose (durch den Granit ?) ihre hohe Kristallinität verdanken. Doch sieht man im Wechselmassiv auch Gneise, die man für älter halten möchte. Mohr konnte zeigen, daß die Wechselgesteine gegen Süden zu sich immer mehr den Gesteinen der Kirchbergserie nähern — im petrographischen Sinne — daß also die scharfe Scheidung der beiden Serien im Süden sich allmählich verliert.

Dies hat Mohr mit Recht in dem Sinne gedeutet, daß hier die Deckenteilung zu Ende geht, daß hier also die Wurzelregion beginnt, wo die Decken sich abspalten.

Mohr glaubt im Wechselmassiv ein recht konstantes Streichen gegen Nordwesten zu erkennen, das im Widerspruche stehe zu dem Streichen des Rahmens. Er glaubte daraus schließen zu können, daß in dem Nordweststreichen ein altes variszisches Streichen zu erkennen sei, das sich auch im variszischen Gebirge an der Donau fände.

So kommt Mohr zur Vorstellung, daß im Wechselfenster vielleicht die moravische Zone der böhmischen Masse wieder erscheine.

Dies ist unwahrscheinlich. Erstens ist das Nordweststreichen doch nicht so konstant. Zweitens kann das in Phyllitmassen nicht so sicher festgehalten werden. Drittens kann sich lokal infolge jüngerer Brüche eine Diskordanz der Gesteine am Fensterrahmen einstellen. Junge Brüche sind gerade in dieser Region zu erkennen. Weiters fehlen im Wechsel die so typischen moravischen Gneise. Auch ist es wahrscheinlich, daß die alpine Bewegung den alten Bau verwischt hat; ist doch die Kernserie auf eine Länge von 20 km der Wechseldecke aufgeschoben.

Diese Kernserie ist die nächsthöhere Decke. Sie hat Mohr so genannt, weil im Kern Granite auftreten, die der Wechseldecke fehlen. Diese mittlere Decke bildet im Osten von Aspang bis Kirchberg das Land. Dieser **Kirchbergdecke** steht im Westen **die Stuhleckdecke** gegenüber.

Den Kern der Kirchbergdecke bildet das Kristallin, die Umhüllung das Mesozoikum. Mohr glaubt, daß eine regelrechte, liegende Falte vorhanden sei. So unterscheidet er ein Mesozoikum im Liegenden des Kristallins — die inverse mesozoische Serie — und eine normale Serie auf dem Kristallin.

Das Mesozoikum des Sonnwendsteins soll der inversen Serie angehören. Hier läge die ganze Schichtfolge verkehrt. Zu oberst das Kristallin, das hier fehlt, dann darunter der Quarzit, darunter der Triasdolomit, darunter das Rhät, endlich der Jura. Dieser stößt vielfach mit Rauchwacken, die Mylonite sein sollen, an den Quarzit. (Siehe Abb. 8.)

Dürfte dieser Auffassung prinzipiell zuzustimmen sein, so ist es doch fraglich, ob gerade für den Fall die Lagerungsverhältnisse richtig gedeutet sind.

Man hat ähnliche Profile auch aus den Radstädter Tauern beschrieben. Es hat sich aber mit der Zeit doch erwiesen, daß die Verhältnisse auch anders gedeutet werden können. Vielleicht werden auch hier künftige Untersuchungen Klarheit bringen.

Das Mesozoikum von Kirchberg liegt auf der Kirchbergdecke. In der gleichen Position ist das Band von Mesozoikum, das vom Kulmriegel gegen Thernberg zieht. Der Kirchberg-Stuhleckdecke liegt der mesozoische Streifen auf, der vom Mürztal (Spital) über den Semmering, über Raach nach Pitten zu verfolgen ist. In dieser normalen Serie fehlt im Osten der Triasdolomit, vielleicht tektonisch. Im Westen ist er vorhanden. Das beweisen die Triasdolomite von Krieglach.

Dieses ganze mesozoische Band fällt gegen Norden ein und bildet die Grenze gegen die dritte Decke, die Mohr im Osten **die Tachenbergdecke** genannt hat. Im Westen gehört hieher die **Mürzdecke**, die im Mürztale und im Drahtekogl vorhanden ist. Hier ist sie zugleich auch geteilt. Im Osten gehören hieher noch die Deckschollenreste, die Mohr ost von Aspang gefunden hat. Wahrscheinlich ist, daß das Rosaliengebirge der dritten Teildecke zugehört. Die Grenze wird in der Richtung von Pitten gegen Aspang zu suchen sein.

Die dritte, oberste Decke bildet also die Flanken des Ostens und Westens. Sie ist auch im Norden in Schollen vorhanden. Hier fällt sie überall nordwärts unter das Karbon der Grauwackenzone. Im Osten scheint die Decke flach zu liegen.

An der Decke II und III erkennt man im Semmeringgebiet Stirnen. Der Sonnwendstein kann in gewissem Grade schon als Stirntektonik gedeutet werden. Das Drahtekoglkristallin liegt als flache Masse stirnartig auf Semmeringmesozoikum.

Daß **die Decken stirnen**, zeigt vor allem, daß die kristallinen Kerne im Semmeringgebiete fehlen. Die kristallinen Kerne sind nur ost und west der Wechselkulmination vorhanden. In der Wechselkulmination haben die Decken in ihren Stirnen nicht mehr den kristallinen Kern. Er ist infolge der hohen Lage bereits erodiert.

So spricht vieles dafür, daß die karpathischen Decken, soweit wir sie kennen, nicht weit in die Tiefe nach Norden überschlagen sind. Sie machen den Eindruck, als wären sie aus dem Rücken und dem Kopfe der karpathischen Zone beim Ansturm der ostalpinen Decken, beim Vorschieben des ganzen Massivs gegen das Vorland abgeschürft worden.

Drei karpathische Teildecken kennen wir heute. Wir wissen nicht, ob in der Tiefe noch weitere Teildecken vorhanden sind. Es ist aber wahrscheinlich, daß diese große Deckenbewegung der Oberfläche nur ein Teilphänomen ist.

Wir kennen nicht den Untergrund. Wo aber ähnlicher Bau vorhanden ist, wie etwa in den Karpathen, finden wir tatsächlich eine Struktur, wie sie im Übersichtsprofil für die helvetisch-karpathische Zone angenommen worden ist.

Ein gewaltiger Deckenbau beherrscht den Aufbau des Wechselmassivs. Diese Orogenese ist aber wohl zu unterscheiden von der viel **jüngeren Epirogenese**, die mit dem Miozän einsetzt und das Gebirge durch Brüche in Schollen zerlegt.

Solche Brüche erkennen wir an eingeklemmten miozänen Schichten. Wir erkennen sie auch morphologisch, indem wir sehen, daß längs bestimmter Linien der morphologische Bau verschieden ist.

So ist das Rosaliengebirge, die „Bucklige Welt" morphologisch weniger gegliedert als die Wechsel-Semmeringregion. Wir müssen da junge Dislokationen annehmen, um diese Verhältnisse verstehen zu können.

Der heutige morphologische Bau der Semmering-Wechselregion ist das Werk junger spättertiärer Dislokationen, die möglicherweise noch durch das Diluvium fortgedauert haben. Diese Verhältnisse sollen später besprochen werden.

Es wird noch notwendig sein, einige Worte über **das Rosalien-** und das Leithagebirge anzuführen.

Im Rosaliengebirge dürfte das Kristallin der Decke III vorhanden sein, das Reste von Mesozoikum trägt. Der gleiche Bauplan dürfte dem Leithagebirge zugrunde liegen. Letzteres unterscheidet sich vom Wechselgebiete morphologisch vor allem dadurch, daß es nicht so hoch emporgewölbt worden ist.

Als ganz flache Antiklinale erhebt sich **das Leithagebirge** aus der tertiären Bedeckung, die sie einst ganz überspannte. Sie ist lokal der Erosion zum Opfer gefallen. So konnte der alte kristalline Bau an die Oberfläche kommen. Das Mesozoikum ist nur an drei Stellen aufgeschlossen. Einer der besten Aufschlüsse ist in dieser Hinsicht in Mannersdorf zu sehen. Man findet dort steilgestellten kristallinen Kalk, der transgressiv vom Miozänkalk überlagert wird. (Hausersche Steinbruch.)

In den **Kleinen Karpathen** ist in der hochtatrischen Serie fast der gleiche Bauplan wie im Wechsel zu sehen. Während aber im Wechsel über dem Semmeringmesozoikum die Grauwacken- und darüber die Kalkalpenzone kommt, und zwar in der Entwicklung der Kalkhochalpen, folgt in den Kleinen Karpathen über dem hochtatrischen Mesozoikum die subtatrische Entwicklung und darüber die Kalkalpenzone, aber in voralpiner Entwicklung (Fazies).

Abb. 5. Blick vom Sonnwendstein gegen den Wechsel (Photo L. Kober)
Man sieht die Wechseldecke, die zum größten Teile aus Wechselschiefern aufgebaut ist. Die Lagerung ist kuppelig, ähnlich der allgemeinen Morphologie, die die Aufwölbung der tertiären Verebnungsfläche erkennen läßt. Rechts der Hochwechsel, links die Senke von Kirchberg

In den Kleinen Karpathen fehlt also über dem Semmeringmesozoikum die ganze Grauwacken-, die ganze Kalkhochalpenzone. Über dem Semmeringmesozoikum bzw. dessen Äquivalent folgt in den Kleinen Karpathen sofort die Decke der Kalkvoralpen.

In den Kleinen Karpathen ist die Grauwacken- und die Kalkhochalpenzone gar nicht mehr vorhanden. Sie ist im Süden zurückgeblieben. Sie ist aber da; denn sie findet sich mit gleichen Charakteren im ungarischen Erzgebirge.

Diese Deckeneinheiten machen also den großen karpathischen Vormarsch nach Norden nicht mehr mit. Dies gibt auch wertvolle Fingerzeige für die Beurteilung dieser Zone bei uns.

Exkursionen. Um sich einen Einblick in die Verhältnisse der Natur zu verschaffen, sind zwei Exkursionen besonders geeignet: eine auf den Sonnwendstein, die andere auf den Wechsel.

Die Sonnwendsteinexkursion ist eine der lehrreichsten unseres Gebietes. Sie ist in stratigraphischer, in tektonischer, besonders in morphologischer Hinsicht ausgezeichnet. Um diese Exkursionen durchzuführen, ist es das einfachste, dem Wege von der Station Semmering auf den Sonnwendstein zu folgen. Man lernt dabei die wesentlichen Gesteine kennen. Den Abstieg kann man auch über Schottwien nehmen.

Abb. 6. Blick vom Sonnwendstein gegen den Otter zu (Aufnahme L. Kober)
Rechts der Wechselhang, in der Mitte das Kirchberger Becken, links der Mitterberg, dahinter der Otter. Man sieht hier das tief versenkte Kirchberger Miozän, dann die Kirchbergdecke (des Otter) über der Wechseldecke. Über den Wechselschiefern folgt am Fuß des Otterzuges zuerst Quarzit, dann Triasdolomit, der den Berg aufbaut. Auffallend die junge Morphologie des Otterzuges, der von Brüchen begrenzt, höher emporgewölbt worden ist. Im Hintergrunde die pliozäne Verebnungsfläche der Buckligen Welt, sanft zum Wechsel aufsteigend

Von der Station Semmering geht man zuerst im permischen Quarzit und Quarzitschiefer. Wo man den Kamm (Dürr-Riegl) erreicht, kommt man in das Mesozoikum. Da trifft man zuerst auf Rauchwacken. Dahinter kommen dann Kalke und Dolomite. Vor dem Schutzhause gehen wir wieder durch Quarzite. Den Gipfel bilden Kalke, die wahrscheinlich nicht dem Jura, sondern dem Muschelkalk angehören. Nach Schottwien hinab verqueren wir den Trias-Diploporendolomit. Bei Maria Schutz, bei der Myrtenbrücke ist Rhät (fossilführend) bekannt. Zur Station Klamm hinauf verqueren wir Jurakalke, Triasdolomite, dann Quarzit. Dahinter liegt das pflanzenführende Oberkarbon. (Siehe Abb. 8.)

Der Ausblick vom Sonnwendstein ist ungemein lehrreich. Nach Süden dehnt sich der breite Wechselrücken. Gegen das Stuhleck zu sieht man deutlich den Pfaffen (mesozoische Kalke), die Grenze der Wechsel- und der Stuhleckdecke. Dann fesselt der tiefe Graben von Kirchberg mit dem tief versenkten Miozän. Vor uns bauen sich die Otterberge. Die weiße Trias tritt deutlich hervor. Kantige Bergformen erscheinen gegenüber den weichen Formen der „Buckligen Welt". Wir sehen hinaus in den Einbruch des Wiener Beckens. In Terrassen steigt der Schneeberg auf. Da ist zuerst die breite Plattform von Prigglitz, von der Grauwackenzone aufgebaut. Darüber erhebt sich die Stufe der Gahns. Dieser Südabfall der Kalkalpen ist schuppig gebaut. Man sieht, wie über Payerbach die Wandeln des Geyersteins hervortreten.

Abb. 7. Blick vom Sonnwendstein auf den Otter und den Raacherberg (Nach einer Aufnahme von L. Kober)

Man sieht hier die Kirchbergdecke (im Otter), darüber die Tachenbergteildecke auf der Nordseite des Grasberges (links). Der Sattel zwischen beiden Zügen besteht zum Teil aus Trias, zum Teil aus Quarzit. Die Morphologie läßt auch das allgemeine Nordfallen der Schichten erkennen. Im Hintergrunde der junge tiefe Einbruch des Wiener Beckens. Im Vordergrunde steile pittoreske Erosionsformen im Triasdolomit. Abb. 4, 5 und 6 schließen aneinander an. Die weitere Ergänzung dazu ist Abb. 8

(Siehe Abb. 10 und 14.) Das Gahnsplateau bildet die zweite große Plattform. Dann kommt endlich die dritte Hochfläche des Schneebergplateaus, die wieder vom Klosterwappen überragt wird. Wir erkennen die Karform der Bockgrube. In breiter Flucht baut sich die Rax auf. Im Vordergrunde der breite weiche Rücken der Grauwackenzone. Längs der Bahn sehen wir die weißen Semmeringkalke hinziehen. Der breite Sattel des Semmering hat vor sich den wuchtigen Bau des Drahtekogels, der aus der Mürzdecke besteht, aus Kristallin und Mesozoikum. Fesselnd ist das Bild, wie der Semmeringpaß von Osten her so tief erodiert wird. Das ist der Einfluß des tiefliegenden Wiener Beckens. Die junge, wahrscheinlich spättertiäre (pliozäne) Schollentektonik hat die heutige Landschaftsform geschaffen.

Die Wechselexkursion ist am besten zweitägig zu machen. Man geht von Aspang aus, steigt auf dem gewöhnlichen Weg auf den Wechsel, nächtigt auf der Kranichberger Schwaig, geht am nächsten Tag auf das Stuhleck und steigt gegen Mürzzuschlag ab. Man verquert die ganze Wechseldecke und kommt dabei in die aufliegende Stuhleckdecke.

Man geht zuerst vom Orte Aspang in einen der östlichen Seitengräben und trifft hier die groben Porphyrgranite der Kirchbergdecke. An der Bahnlinie ist bereits der Wechselgneis der Wechseldecke aufgeschlossen. Es ist ein grünes Gestein mit Albitporphyroblasten. Man folgt dem normalen Weg auf den Wechsel, sieht dabei Altkristallin und die Wechselschiefer.

Sehr schön ist der Ausblick auf die große Verebnungsfläche der Buckligen Welt, die wahrscheinlich noch im Sarmat, im Pliozän vorhanden war. Man sieht den eindrucksvollen Gegensatz zur Morphologie des Ottergebirges. Die junge Schollentektonik tritt hervor. Im Wechselrücken erkennt man flache Karmulden (Firnmulden). Auf dem Wege zum Pfaffen geht man über schwarze Wechselschiefer, die an Karbonschiefer erinnern.

Sehr lehrreich ist dann das Profil der Pfaffenzone mit den Quarziten, Kalken, die unter das hochaufstrebende Stuhleck einfallen. Wir stehen hier an einer scharfen Deckengrenze. Ange-

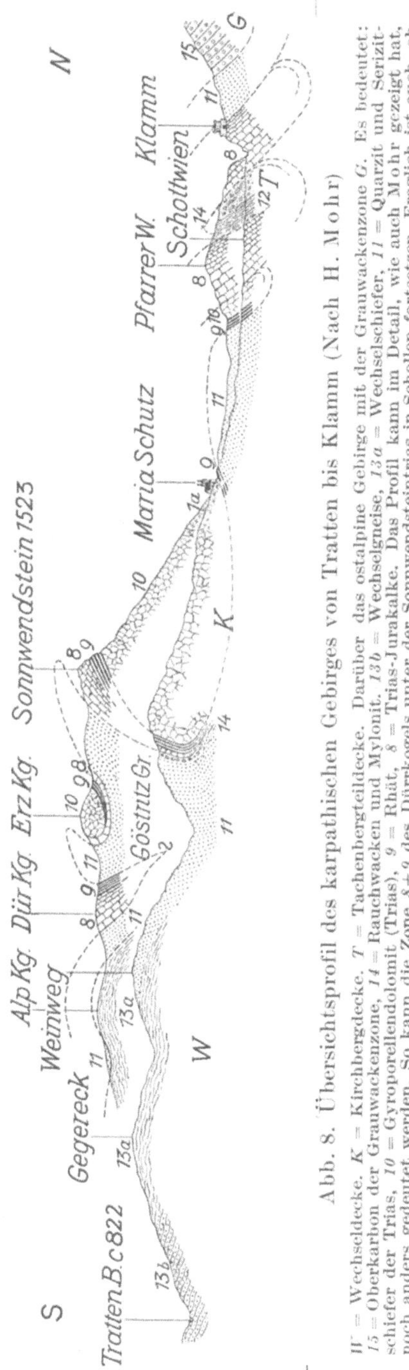

Abb. 8. Übersichtsprofil des karpathischen Gebirges von Tratten bis Klamm (Nach H. Mohr)

W = Wechseldecke. *K* = Kirchbergdecke. *T* = Tachenbergteildecke. Darüber das ostalpine Gebirge mit der Grauwackenzone *G*. Es bedeutet: *15* = Oberkarbon der Grauwackenzone, *14* = Rauchwacken und Mylonit. *13b* = Wechselgneise, *13a* = Wechselschiefer, *11* = Quarzit und Serizitschiefer der Trias, *10* = Gyroporellendolomit (Trias), *9* = Rhät, *8* = Trias-Jurakalke. Das Profil kann im Detail, wie auch Mohr gezeigt hat, noch anders gedeutet werden. So kann die Zone *8+9* des Dürrkogels unter der Sonnwendsteintrias in Schollen fortsetzen. Fraglich ist auch, ob in der Tat die Kalke des Sonnwendsteines (8 im Profil) Jura sind. Die Nähe des Quarzites ließe auch Muschelkalk erwarten

sichts der Verhältnisse fragt man sich, wieso man so klare Profile nicht längst schon in ihrer eigentlichen Bedeutung erkannt hat. Im Stuhleck lernen wir grobe Gneisgranite kennen. Sie zeigen sich im Fallen und Streichen ganz in die alpine Tektonik eingestellt. In Mürzzuschlag stehen wir wieder in der Zone des Mesozoikum. Empfehlenswert ist der Aufschluß am Eingange in das Tal nach Kapellen. Man sieht im großen Steinbruche die Semmeringkalke unter Quarzit (mit Kristallin) einfallen.

4. Die Grauwackenzone

Allgemeines. Zwischen die karpathische Zone und die ostalpine Kalkzone ist die Grauwackenzone eingeschaltet. Sie liegt in unserem Gebiete immer über der karpathischen und unter der Kalkzone, deren natürliche Trägerdecke sie ist. So ist die Grauwackenzone ein ostalpines Bauglied.

Die Grauwackenzone des Semmeringgebietes ist der Ausläufer der Grauwackenzone, die wir von Innsbruck bis Gloggnitz in einem Zuge verfolgen können. Hier, an ihrem Ostende, ist die Grauwackenzone nur mehr ein schmales Gesteinsband.

Es fällt im allgemeinen gegen Norden und besteht aus Schiefern und Kalken, aus basischen und sauren Ergußgesteinen, die paläozoischen Alters sind. Bei Vöstenhof findet sich ein Keil von Gneisen, Glimmerschiefern, ein Fall, der sonst in der Grauwackenzone nicht oft vorkommt.

Die Grauwackenzone der Ostalpen ist ein Rest des alten paläozoischen Gebirges. Freilich ist der alte Bau nicht mehr zu erkennen. Er ist durch den jungen alpinen Bau vollständig verwischt worden. Die anscheinend so einfache Schichtfolge von Schiefern, Grauwacken, Kalken u. dgl. täuscht eine tektonische Einförmigkeit vor, die sich aber bei genauerem Studium in einen komplizierten Schuppen- oder Deckenbau auflöst.

Die Sedimente der Grauwackenzone sind in der (alten) paläozoischen Geosynklinale (der Tethys) entstanden, als eine Folge von Schiefern, Sandsteinen und Kalken. Diese Schichten wurden im Spätpaläozoikum (Karbon) gefaltet. Eruptiva ergossen sich, so die Quarzporphyre, die karbonisch-permischen Alters sein mögen. Möglicherweise sind die Grünschiefer älter.

Fossilführend ist bloß der Graphitschieferhorizont, der bei Klamm oberkarbone Pflanzen von Schatzlarer Alter geliefert hat (Lepidodendren, Sigillarien, Kalamiten, Farne u. a.). Diese Steinkohlenflora liegt an der Basis der ganzen Grauwackenzone, unmittelbar über dem mesozoischen Semmeringkalk. (Siehe Abb. 4 bei *K.*)

Dieses **Lagerungsverhältnis** ist merkwürdig. Es zeigt den jüngsten fossilführenden Horizont zu tiefst, unter den übrigen (höheren) von denen manche vielleicht älter sind. So glaubte Mohr in der Grauwackenzone des Semmering eine verkehrte Schichtfolge erkennen zu können.

In der Tat finden sich ähnliche Lagerungsverhältnisse auch in der übrigen Grauwackenzone. Im Profile bei Ternitz kommt zu unterst das Karbon; höher oben liegen die alten Gneise von Vöstenhof. Zu oberst folgen am Florianikogl silurische Kalke und rote (Silur?-) Schiefer.

Dies deutet zweifellos auf eine recht komplizierte Tektonik. So müssen wir bei der Beurteilung der Schichtfolge um so vorsichtiger sein. Wir werden am besten tun, wenn wir hier die allgemeinen Züge des Aufbaues der Grauwackenzone kurz zusammenfassen, wie er durch die Studien von Vacek, Toula, Mohr, Kober u. a. bekannt geworden ist.

Abb. 9. Blick vom Silbersberg auf die Grauwackenzone des Kreuzbergrückens
In der Taltiefe Schlöglmühl. Rechts die Heukuppe. Links im Hintergrund der Semmeringsattel. *K* ist das karpathische Gebirge des Drahtekogels (Kristallin und Mesozoikum). *O* = die ostalpine Kalkzone (Rax). Die Hauptmasse der Grauwackenzone sind die Silbersberggrauwacken *S*. Einlagerungen sind die Grünschiefer *G*, die Kalke und Magnesite *M* und die Quarzporphyre *P*. Bei *K* sieht man auch alte Hochflächen. Siehe auch Abb. 4 (Original)

Über dem Semmeringmesozoikum folgt zunächst eine Schuppenzone von Quarzit und Kalk. Dann kommen wir in die Zone der mitteloberkarbonen Graphitschiefer. Darüber folgt allgemein die Silbersberggrauwacke. (*G* in Abb. 4.) In dieser sind Quarzporphyrergüsse eingelagert, die vielfach zu Porphyroiden („Blasseneck"-Gneis) verschiefert sind. Auch Kalke sind in schmalen Zügen vorhanden. Sie sind zum Teil in Magnesit umgewandelt und werden abgebaut. Zu oberst liegen in den Silbersberggrauwacken noch Grünschiefer. Das grobe Quarzkonglomerat des Verrucano schließt die paläozoische Schichtfolge. Am Florianikogel liegen fossilführende silurische Radiolarite und erzführende Kalke über dem Verrucano und unter der Trias der Kalkalpen. (Siehe Abb. 9 bis 12.)

Noch ein Gestein wäre hier zu erwähnen. Es ist der „Forellengneis" von Gloggnitz, den seinerzeit v. Keyserling beschrieben hat. Es ist ein saures Ganggestein von atlantischem Charakter.

Abb. 10. Blick vom Silbersberg gegen die Rax

Im Vordergrunde der Kohlberg mit dem normalen Profil. *S* = die oberkarbone Silbersberggrauwacke. *G* = Grünschiefereinlagerungen, darüber der Verrucano. *W* = Werfener Schiefer mit Muschelkalk und Hallstätter Kalk mit Gosau. So ist hier die Hallstätter Zone *H* entwickelt. An der Basis der Rax Werfener Schiefer, darüber Muschelkalk und Triaskalk (Schema) (Original)

Von besonderem Interesse ist die **Vöstenhofer Gneisinsel,** die verschiedene alte Eruptivgneise erkennen läßt, dann auch einförmige Amphibolite. Aplitische Durchäderung findet sich häufig. Dazu gesellen sich noch: Talk, Serpentin und Spuren unreinen Marmors.

An der Straße in Vöstenhof (gegen Pottschach) sind die Gneise gut aufgeschlossen und zeigen ein südliches Einfallen.

Die Tektonik der Grauwackenzone unseres Gebietes ist im westlichen Teile einfacher als im östlichen, wo, insbesondere um Vöstenhof und um den Florianikogl, komplizierte Verhältnisse vorhanden sind, wie Kober, Mohr, Ampferer gezeigt haben. (Abb. 11 und 12.)

Die Gesteine der Grauwackenzone haben jedenfalls als ostalpine Trägerdecke weitgehende alpine Bewegungen durchgemacht. Dies zeigt sich in einer gewissen Dynamometamorphose der Gesteine, die besonders an den widerstandsfähigeren Quarzporphyren zu erkennen ist, die zu Porphyroiden verschiefert sind.

Auffällig ist der allgemeine Zug, daß die Grauwackenzone in den basalen Teilen die karbonpflanzenführenden Schichtglieder zeigt, während hoch oben, gegen die Kalkalpen zu, die silurisch-devonischen erzführenden Kalke erscheinen

Abb. 11. Profil des Florianikogl, von Westen her gesehen

Rechte Bildflanke besteht aus karbonen Grauwacken *GP*. Darüber folgen Rauchwacken *R* und Verrucano *V*. Dann kommt die große Überschiebungslinie (norische Linie) und es folgt der hochkristalline erzführende (Silur-Devon-) Kalk mit den roten Radiolariten Silur *SK*. *SS* sind rote und grüne Schiefer. *W* = Werfener Schiefer und Triaskalk *KT* (Original)

Diese Verhältnisse haben Uhlig und Kober schon 1912 veranlaßt, eine untere und eine obere Grauwackendecke zu unterscheiden. Hie und da finden sich Werfener Schiefer an der Grenze der beiden Serien. Ich glaubte, diese Verhältnisse so deuten zu können, daß die untere Grauwackendecke der Träger der Kalkvoralpen wäre, die obere der der Kalkhochalpen.

Die norische Linie sollte beide so bedeutungsvolle Einheiten trennen. Es ist sehr wahrscheinlich, daß eine derartige Gliederung in der Grauwackenzone besteht. Es fragt sich nur, wie sie zu deuten ist.

Von diesen Gesichtspunkten aus ist auch das Vorkommen der Vöstenhofer Gneisinsel von Interesse. Liegt sie vielleicht auch an der norischen Linie? Jedenfalls möchte man diese Gesteine als Deckschollen inmitten der Grauwacken auffassen, wie solche sich auch im Westen, in der Quarzphyllitzone des Zillertales nach Ohnesorge sich finden (Kellerjochgneis).

Für keinen Fall möchte ich aber der Anschauung Mohrs beipflichten, der glaubt, daß die Vöstenhofer Insel autochthon und der Untergrund der gleichfalls autochthonen Grauwackenzone wäre.

Abb. 12. Blick vom Florianikogel gegen das Ende der Grauwackenzone in in der Richtung auf Ternitz und Pottschach

Der spitze Berg ist der letzte Grauwackenberg der Ostalpen. Es ist der 607 m hohe Johannisberg bei Pottschach. Er besteht aus Silbersberggrauwacken. *V* = die Vöstenhofer Gneisinsel, in der Grauwackenzone liegend. Man beachte die Verebnung. Im Hintergrunde das Wiener Becken und das Rosaliengebirge (bei Pitten). Links der Abfall der Schneebergvorlagen (der Kalkzone). Im Vordergrunde die Grauwacken des Florianikogels (Original)

Exkursionen. Auf dem Wege vom Semmering oder von der Station Klamm in die Prein lernt man die Hauptmasse der Gesteine der Grauwackenzone kennen, die Silbersberggrauwacke. Es sind graue und grünliche Sandsteine mit Einlagerungen von Grünschiefern, ein Gestein, das auch bei der Payerbacher Eisenbahnbrücke aufgeschlossen ist. Dazu kommen noch die Magnesite und die Quarzporphyre, wie sie auch auf dem Bilde angegeben sind.

Sehr lehrreich ist auch eine Verquerung der Grauwackenzone von Gloggnitz aus. Man geht auf dem rot markierten Weg auf den Silbersberg, sieht hier überall die typische Silbersberggrauwacke. Landschaftlich sehr instruktiv ist der Blick auf die Wechsel- und Semmeringzone. Oberhalb Prigglitz ist typischer Verrucano aufgeschlossen. Auf dem Wege zum Florianikogel haben wir zugleich Einblick in die Südseite des Gahnsabfalles. Wir sehen sehr hübsch die (tiefere) Geyersteinscholle mit der Gosau (Hallstätter Zone). (Siehe auch Abb. 14.) Beim Aufstiege auf den Florianikogel haben wir zuerst zur Linken grobe Verrucano-Quarzkonglomerate aufgeschlossen. Höher hinauf treffen wir auf die Rauchwacken. Den Gipfel bilden die roten Schiefer (Radiolarite) und die kristallinen (erzführenden) Kalke, die dem Silur-Devon angehören mögen. Gegen die Kalkalpen zu kommen wir dann in Werfener Schiefer und in die Trias. Talaus aber verqueren wir die Grauwackenzone mit ihrem grauen und rötlichen Grauwackenschiefer. In Vöstenhof selbst stoßen wir unvermutet auf die Vöstenhofer Gneise, die auf der Straße (nach Pottschach) aufgeschlossen sind.

5. Die Kalkalpen

Allgemeine Charakteristik. Eigenartige Schichten treten uns in den Kalkalpen entgegen. Hauptsächlich sind es die Kalke des Mesozoikum, also der Trias, des Jura, der Kreide. Kalke, die auf dem Grunde der Tethys abgelagert worden sind. Schichten von solcher Eigenart, daß man diese ganze Entwicklung des Mesozoikum als die ostalpine, kurzweg als die alpine bezeichnete und sie der außeralpinen, der germanischen Ausbildung gegenüberstellte.

Was ist das Besondere der Kalkalpen der Ostalpen? Daß sie eben in der alpinen Geosynklinale, in offener See entstanden sind. Es fehlen auch hier nicht Sandsteine und Schiefer und Seichtwasserbildungen von Kalken mit Dolomiten. Aber alle diese Bildungen entstehen nicht epikontinental, in vorübergehenden Flachwassermeeren, wie das etwa beim Mesozoikum Deutschlands der Fall ist.

Darum finden wir in der alpinen Trias die Faunen des offenen Weltmeeres, oft kosmopolitische Faunen, die in Kalifornien oder im Himalaja sich in gleicher Weise finden. Insbesondere ist es die Hallstätter Entwicklung der Trias, die der Träger dieser weltweitverbreiteten Ammonitenfaunen ist.

Heinrich hat solche rote Hallstätter Marmore untersucht und gefunden, daß sie vielfach Globigerinen enthalten. Er hat daraus geschlossen, daß die Hallstätter Kalke aus einem Globigerinenschlamm in größerer Tiefe entstanden seien. Ähnliche Sedimente finden sich heute in Tiefen von 2000 bis 3000 m.

Auch die roten Oberjurahornsteinschichten (Radiolarite) sind Bildungen der tieferen See. Wir haben alle Ursache anzunehmen, daß sie in ähnlicher Weise entstanden sind, wie etwa der heutige rote Tiefseeton, der sich in Tiefen von 3000 bis 5000 m und darunter findet.

Die alpine Geosynklinale, besonders das Kalkalpenmeer war also stellen- und zeitweise ein tiefes Meer. Es war aber auch ein breites offenes Meer; denn Hallstätter Kalke können nicht in Landnähe entstanden sein.

Früher war man allgemein der Meinung, daß die Kalkalpen autochthon wären, daß also der Schneeberg an der Stelle, wo er heute steht, entstanden sei. D. h., daß das Kalkalpenmeer sich hier, im Schneeberggebiet, ausgedehnt hätte.

Diese Vorstellung ist nicht mehr aufrecht zu halten. Die Analyse des Alpenbaues ergibt mit Sicherheit die Deckennatur der Kalkalpen. Diese liegen als große Deckscholle auf dem helvetisch-karpathischen Untergrund. So sind unsere Kalkalpen hier fremd. Wir müssen das Kalkalpenmeer tiefer im Süden, jenseits des Wechselgebietes suchen. Die tektonische Auflösung der Alpen hat ergeben, daß das Kalkalpenmeer noch südlich der penninischen Zone der Tauern anzunehmen ist. Im Drauzug, in den Karawanken, ist der Heimatsort der Kalkalpen zu sehen. Aus diesen Regionen, bzw. ihrer Fortsetzung nach Osten stammen unsere Kalkalpen.

Von dort sind sie infolge der großen Gebirgsbildungen hergewandert. Wir wissen nicht, wie sich diese Wanderungen vollziehen. Wir wissen nur, daß sie existieren und daß diese Deckenbildungen in der Oberkreide, im Alttertiär ihre größten Dimensionen erreicht haben; denn diese Perioden sind die Hauptgebirgsbildungszeiten der Alpen.

Unsere Kalkalpen liegen demnach als große Deckenmasse, in sich in Teildecken gespalten, auf dem helvetisch-karpathischen Untergrund, der selbst wieder zusammengestaut ist.

Die Kalkalpen liegen schüsselartig. Den Südrand bildet die karpathische Zone, den Nordrand die helvetische Region (die Sandsteinzone).

An der Basis der Kalkalpen liegt die Grauwackenzone, ihre ursprüngliche Unterlage. Diese hat ihrerseits wieder ihren kristallenen Sockel zum großen Teile verlassen und ist als selbständige Abscherungsdecke fortgewandert. Darum fehlt unter der Grauwackenzone meist das Kristallin.

Die Kalkalpenzone bildet, im großen genommen, die Stirnpartie der großen ostalpinen Schubmassen. Das Kristallin bleibt fast ganz zurück. Die Grauwackenzone geht nur in Resten mit. Nur die Kalkalpen, die mesozoische Haut des ostalpinen Kristallins, eilt weit nach Norden vor. Dabei wird sie zu einem Deckenhaufen zusammengestaut, der oftmalige Wiederholung gleicher Schichten zeigt.

In großen liegenden Falten legen sich die Kalkalpendecken übereinander. Dies ist besonders in den Kalkvoralpen der Fall. Die Kalkhochalpen, wie der Schneeberg, bilden einen mehr ruhig gelagerten Gesteinskörper, der aber gleichfalls überschoben ist. Er ruht auf den Kalkvoralpen. (Siehe Abb. 15.)

Die heutigen Kalkalpen sind nur mehr ein Rest der einmal viel größeren Kalkalpenzone. Diese hat sich einst über ihre Umgebung im

Norden und Süden weiter ausgebreitet. Als Beweis dafür führen wir an, daß sich im Gebiete der Sandsteinzone noch Kalkalpenreste als „Klippen" finden. Auch in der Grauwackenzone finden sich noch Trümmer und Schollen der Kalkalpen.

So ist der Nord- und Südrand ein Erosionsrand. Dabei ist der Nordrand der große Aufschiebungsrand der Kalkalpen auf die Flyschzone. Der Südrand ist mehr oder weniger die normale Auflagerung der Kalkalpen auf die Grauwackenzone. Jenseits derselben liegt erst die große Überschiebungslinie gegen das karpathische Gebirge. Den Ostrand der Kalkalpen bildet „die Thermenlinie". Es ist ein Bruchrand jungen (miozänen) Alters. Vielfach findet hier auch ein Abbiegen der Kalkalpen in die Tiefe des Wiener Beckens statt.

Gliederung. Wir teilen die Kalkalpen unseres Gebietes seit Kudernatsch in die Kalkvoralpen und die Kalkhochalpen. Die Grenze können wir heute in eine Linie legen, die von Hernstein über Puchberg nach Mariazell läuft. Nord dieser Linie liegen die Kalkvoralpen mit ihrem Kettenbau, mit ihrer mehr kalkig-schieferigen Schichtfolge (voralpines Mesozoikum). Süd davon herrscht der hochalpine Bauplan. Das Mesozoikum ist hier kalkreicher, auch mächtiger und führt die typische Hallstätter Entwicklung. Die Lagerung zeigt Plateauform. Dieser Kalkalpenteil ist auch höher.

Eine bedeutende Störungslinie — die Hernsteiner Linie — trennt die beiden Zonen, die mehr selbständige Decken der Kalkalpen vorstellen und in sich wieder in Teildecken gespaltet sind.

In den Kalkvoralpen haben wir folgende Teildecken zu scheiden:

Die „Klippen", das sind jene Kalkalpenreste, die sich im Flysch isoliert und dann an der Grenze von Flysch- und Kalkalpenzone in mehr zusammenhängenden Zügen finden. Dann haben wir die Voralpen selbst in eine Rand- und eine Hauptkette zu scheiden. Diese Trennung gilt nur für unser Gebiet. Hier ist sie aber sehr charakteristisch. Die Grenze ist die Brühl-Altenmarkter Linie. Der Höllenstein z. B. gehört der Randkette zu, der Anninger der Hauptkette.

Alle diese Zonen sind Deckeneinheiten, die in sich wieder geteilt werden. Sie sind voneinander durch scharfe Überschiebungslinien getrennt. Früher hielt man diese für „Aufbruchslinien", für einfache Brüche, bis Bittner erkannte, daß es Überschiebungslinien seien, an denen sich die Schichten wiederholen. Diese „Schuppenstruktur" der Kalkvoralpen ist aber nur ein Detail des Deckenbaues der Kalkalpen. Er ist am schönsten etwa im Gebiete der Hauptkette entwickelt, so in den Mandlingketten. (Siehe Abb. 21 und 22.)

Die einzelnen Teildecken der Kalkalpen sind in Bau, Form und Schichtbestand verschieden. Man sieht dies deutlich, wenn man die Extreme einander gegenüber stellt, etwa den Schneeberg und die Klippen von St. Veit.

Doch sind die Decken auch miteinander durch Übergänge verbunden. Charakteristisch ist aber, daß in der gleichen Decke weithin im Streichen der individuelle Bau anhält. Dadurch wird jede Teildecke zu einem geologischen Körper, der in seiner Eigenart vom Forscher erfaßt werden muß.

Die Rolle der Gosau. Alle diese Decken und Teildecken sind im Laufe der Deckenwanderung, die vielleicht schon im Oberjura begonnen hat, allmählich entstanden. Die letzten Deckenwanderungen mögen im Miozän stattgefunden haben. Von großer Bedeutung ist jedenfalls die „vorgosauische" Gebirgsbildung, die schon die älteren Geologen betonten. Mit Recht; denn man sieht, wie die Gosau (Oberkreideform der Kalkalpen) über zerstörtem und gefaltetem Kalkalpenrelief transgrediert und Gerölle des Grundgebirges führt. So muß auch dieses bereits freigelegt worden sein.

Aus dieser Tatsache mußte die Deckenlehre die Konsequenzen ziehen. Ich kam so schon 1911 zur Annahme, daß der Deckenbau der Alpen bereits in der Oberkreide angelegt worden sei, daß die ostalpinen Decken schon in der Oberkreidezeit die penninischen (die Tauern) zum großen Teile überschritten haben. Doch ist die Frage nicht einwandfrei geklärt und gerade die Schweizer Geologen glauben, daß der große Deckenschub erst im Tertiär stattgefunden habe.

Das Auftreten der Gosau im Gebiete der Hohen Wand scheint dafür zu sprechen, daß der Einschub der hochalpinen Decke in die voralpine bereits vor der Gosau stattgefunden habe. Es macht den Eindruck, wie wenn die Gosau über einen Deckenbau transgredieren würde. Das wäre nach diesen Anschauungen ohneweiters verständlich.

Ähnliche Verhältnisse werden auch für gewisse Gebiete des Salzkammergutes angenommen. Doch sind alle diese Erscheinungen noch nicht mit absoluter Sicherheit zu entscheiden, da die notwendigen umfassenden Studien noch ausstehen.

In den meisten Profilen sehen wir mit voller Klarheit, daß die Gosau genau so wie jedes andere Schichtglied in den Deckenbau der Kalkalpen (unseres Gebietes) mit einbezogen ist. Es ist also nicht richtig, wenn Spitz noch vor Jahren behauptete, daß z. B. der Bau des Höllensteinzuges in seiner heutigen Anlage vor der Gosau entstanden sei. Spitz hat seine Auffassung in einer späteren Arbeit auch modifiziert und den Verhältnissen der Natur besser angepaßt und sich damit auf einen Standpunkt gestellt, den ich in dieser Sache von allem Anfang an eingenommen habe.

Wir kommen damit zur **Geschichte der Kalkalpen.** Sie ist anderer Art, als die der zentralalpinen Kalkalpenzone, die im Semmering so typisch entwickelt ist.

Ist dieses Semmeringmesozoikum am Nordrande der alpinen Geosynklinale, gleichsam an deren Schelf entstanden, meist aus vorübergehenden Transgressionen, so verdankt das Kalkalpenmesozoikum seine Entstehung einem immer tiefer werdenden Meere, der alpinen Geosynklinale, deren größte Tiefe, lokal wenigstens, im Oberjura erreicht war. Von dieser Zeit fing der Meeresboden an, in die Höhe zu steigen und wurde im Laufe der folgenden Epochen zum Gebirge.

Die Schichtfolge der Kalkalpen ist viel reicher und gestattet uns einen weitaus genaueren Einblick in die Geschichte eines Meeres der Vorzeit. Deshalb soll diese auch als Beispiel etwas genauer ausgeführt werden.

Wir müssen uns also zunächst vorstellen, daß südlich des helvetisch-karpathischen Schelfgebietes das penninische Meeresgebiet sich ausdehnte, in dem die Kalke und Schiefer der Schieferhülle der Tauern zur Ablagerung gelangten. Erst südlich davon, in größerer Entfernung vom Wechselgebiet, lag die kalkalpine Region, fern von Land und Küste.

Wir werden die Geschichte dieses Gebietes am ehesten verstehen, wenn wir uns denken, daß wir es im kalkalpinen Geosynklinalgebiet mit einer Zone zu tun haben, die anfangs vielfach noch Archipelstadium zeigte. Erst mit der Zeit wird die See tiefer und breiter.

Das paläozoische Gebirge war (im Karbon) entstanden. Im Perm wurde es abgetragen. Im Perm ergossen sich auch die Quarzporphyrdecken. In wüstenähnlichen Steppen brachten Wildbäche den groben Gebirgsschutt zur Ablage. So entstanden die Verrucano-Konglomerate, die zumeist Quarzgerölle führen, die vom alten kristallinen Gebirge hergeleitet werden können.

Die Trias

In der **unteren Trias** trat in der Zeit der Werfener Schiefer Meeresbedeckung ein. Das Land war niedergebrochen. Die Flüsse brachten Schutt und feinen Schlamm. In seichtem Wasser entstanden rote Tone, Schiefer, Sandsteine, die wenig Fossilien führen. Meist findet man nur einige Muschelabdrücke auf den glimmerigen Schichtflächen, so *Avicula Clarai*, *Myacites fassaensis*, selten Cephalopoden (*Tirolites cassianus*).

Mittlere Trias. Das Meer nahm in der folgenden anisischen Stufe immer mehr zu. Es wurde auch tiefer. Kalke entstanden. Die Gutensteiner Kalke sind schwarze bituminöse Kalke, die Bivalven, Brachiopoden und Crinoiden führen. Die Ammoniten wurden zahlreicher. Es war ein Meer, das *Terebratula vulgaris*, *Spiriferina Mentzeli*, *Rhynchonella decurtata*, *Encrinus gracilis*, *Ptychites Studeri*, *Trachyceras trinodosum* lieferte.

In der ladinischen Zeit wurde das Meer noch tiefer. Weiße Kalke, vielfach auch helle, riffige Kalke entstanden. So die Reiflinger Knollenkalke, die Wettersteinkalke. Stellenweise kamen auch, insbesondere im hochalpinen Gebiet, echte Hallstätter Kalke und Dolomite zur Ablagerung (Ramsaudolomit). Im Voralpinen stellen sich auch die Mergelschiefer der Partnachschichten ein.

Abb. 13. Der Wettersteinkalk des Peilsteinzuges (Nach G. Götzinger)

Letztes typisches Vorkommen von Wettersteinkalk. Siehe auch Abb. 35, wo man die Peilstein-Wettersteinkalklinse noch vom Hocheck aus sieht.

Leitfossilien dieser Zone sind: *Daonella Lommeli*, *Posidonomya wengensis*, Cephalopoden und häufig auch Brachiopoden.

In der **oberen Trias** tritt vielfach Land zu Tage. Eine Regression läßt sich erkennen. Sandsteine und Schiefer kommen zur Ablage, insbesondere zu Beginn dieser Zeit. So entstehen in der karnischen Stufe die Lunzer Sandsteine mit den Aon- und Reingrabener Schiefern.

Im hochalpinen Gebiet kommen die Halobienschiefer zur Ablagerung, dann die Carditaschichten (die Äquivalente der Lunzer Sandsteine). Vielfach muß in der karnischen Zeit Land vorhanden gewesen sein; denn die Lunzer Sandsteine sind kohleführend. So muß zeitweise und lokal auch eine beträchtliche Vegetationsdecke existiert haben.

Marine Leitfossilien dieser Zeit sind die Ammoniten: *Trachyceras Aon*, *Tropites subbulatus*, dann Muscheln, wie *Halobia rugosa*. Pflanzen der Lunzer Sandsteine sind: *Pterophyllum Jaegeri* (eine Zykadee), dann Equiseten u. a.

In der folgenden norischen Zeit gewann das Meer wieder an Raum und Tiefe. Es entstehen die Opponitzer Kalke, die Hauptdolomite, die Dachsteinkalke. Austern, wie *Ostrea montis caprilis*, dann Bivalven, wie *Pecten filosus* sind für die Anfangszeit charakteristisch. Später kommen wieder Cephalopoden-, Bivalven- und Brachiopodenfaunen. Die Dachsteinkalke führen Megalodonten (Bivalven).

Ammoniten finden sich besonders im Hallstätter Faziesgebiet. Dies war eine Region des hochalpinen Meeresgebietes, die schon in der mittleren Trias in ihrer Eigenart angebahnt worden war. In der oberen Trias ist sie dann typisch entwickelt. Zuckerkörnige weiße und rote Marmore entstanden. Stellenweise sind sie reich an Hallstätter Ammoniten. Diese sind zu zahlreich, als daß sie angeführt werden könnten.

In jedem Museum finden sich diese so bezeichnenden Hallstätter Kalke mit ihren schön erhaltenen und zahlreichen Ammoniten.

Gegen Ende der Trias macht sich in der rhätischen Stufe ein Seichterwerden des Meeres bemerkbar, wenigstens in den Voralpen. Mergel und mergelige Kalke des Rhät kommen zur Ablagerung. Brachiopoden, Bivalven, Korallen deuten auf geringe Meerestiefe. Im hochalpinen Gebiet läßt sich das Rhät meist überhaupt nicht nachweisen. Wahrscheinlich geht dort die Dachsteinkalkablagerung ungestört fort. Es tritt keine Änderung der Sedimentation ein. Im Gebiete der Hohen Wand finden sich die sogenannten Starhemberger Schichten, rote rhätische Kalke.

Bezeichnende Rhätfossilien sind: *Avicula contorta*, *Gervilia inflata*, *Terebratula gregaria*, *Waldheimia norica*, *Thecosmilia* u. a. Die meistverbreitete Form des Rhät ist die Kössener Fazies mit Brachiopoden, Bivalven und Korallen.

Der Jura

In der **Jurazeit** ändern sich die Verhältnisse. Das Meer wird allenthalben tiefer. Meist entstehen rötliche Kalke, die cephalopodenreich sind. Doch ist ihre Mächtigkeit gering. Der ganze alpine Jura ist im Vergleich zur Trias, die doch meist gegen 1000 m Mächtigkeit hat, wenig stark entwickelt. Im hochalpinen Gebiet fehlt er bei uns fast ganz. In den Voralpen wird er vielleicht maximal 100 m stark.

Die roten Ammonitenkalke des Jura sind fossilreich. Oft liegen mehrere Zonen, Horizonte, in einer dünnen Kalkschicht. Im Lias (im unteren Jura) ist die Faziesdifferenzierung noch recht weitgehend. Im mittleren und oberen Jura ist dies nicht mehr so der Fall.

Die verschiedenen Entwicklungen **des Lias** sind: die Grestener Schichten der Klippenzone, die Sandsteine, Fleckenmergel, Kalke und kleine Kohlenflöze führen. Sie liegen direkt auf Granit, so beim Buchdenkmal bei Weyer. Sie gehören nach Trauth zur helvetischen Zone, deren südlichsten Teil sie repräsentieren (ultrahelvetische Zone). (H_3 in den Übersichtsprofilen). Dementsprechend ist auch ihre Fauna außeralpin und alpin (mediterran) gemischt. Cephalopoden, Bivalven, Brachiopoden finden sich, auch Pflanzen.

Häufige Grestener Fossilien sind: *Equisetites Ungeri*, *Pterophyllum Andrei*, *Terebratula grestensis*, *Rhynchonella austriaca*, *Arietites raricostatus*, *Spiriferina alpina* u. a.

Eine andere Fazies des Lias sind die Cardiniensandsteine.

Weitverbreitet sind im Lias die Fleckenmergel mit (vielen) Ammoniten, so: *Arietites raricostatus*, *Harpoceras radians*, *Dumortiera Jamesoni*. Den ganzen Lias nehmen möglicherweise die Kieselkalke ein, die meist fossilleer sind.

In die Unterstufe des Lias gehören auch die weißen Enzesfelder Kalke, während die roten ammonitenreichen Adneter Kalke mehr den höheren Lias bilden. Eigenartig sind die roten Crinoidenkalke des untersten Lias, die sogenannten Hierlatzkalke.

Im mittleren Jura, im **Dogger**, wird die Schichtfolge einförmiger. Meist entstehen rote Kalke, die ammonitenreich sind. Eine Ausnahme machen die Grestener Schichten des Klippengebietes, die sandig-kalkig sind und große Ammoniten führen (so *Am. Humphriesianus*, *Blagdeni*, *Sauzei* u. a.). Die Schichten sollen nach Trauth der ultrahelvetischen Region (Sandsteinzone) angehören.

Der meistverbreitete Typus des mittleren Jura sind die roten Klauskalke mit *Phylloceras haloricum*, *Rhynchonella cf. Atla*, *Oppelia fusca*, *Posidonia alpina* u. a. Lokal sind auch die brachiopodenreichen Vilser Crinoidenkalke entwickelt. Dem oberen Dogger (Callovien) gehören die Makrocephalenschichten an, die in roten Ammonitenkalken führen: *Macrocephalites macrocephalus*, *Phylloceras mediterraneum*, *Reineckia anceps* u. a.

Im oberen Jura, im **Malm**, wird die Schichtfolge noch einförmiger. Meist überwiegen rote Ammonitenkalke. Im Hallstätter Gebiet mögen sich Riffkalke bilden, die Plassenkalke. Das würde zeigen, daß dieses Gebiet bereits höher lag als das voralpine, wo im Tithon die abyssalen Radiolarite entstanden.

In den Malm gehören die roten ammonitenreichen Kalke der Transversariusschichten mit *Peltoceras transversarium*, *Aspidoceras perarmatum*. Höher liegen die Akanthikusschichten mit *Aspidoceras acanthicum*, *Aptychus latus*.

Dem Tithon gehören Aptychenschichten an, ferner die Radiolarite. In diesen Gesteinen dürfte die alpine Geosynklinale ihre größte Tiefe erreicht haben.

Leitfossilien dieser Zeit sind: *Terebratula Diphya*, *Lytoceras quadrisulcatum*, *Phylloceras ptychoicum*.

Die Kreide

In der **Kreidezeit** ändern sich die Verhältnisse der Geosynklinale sehr, besonders gegen die mittlere Kreide. Geht die untere Kreide, das Neokom, noch ganz mit dem Jura, so ist dies mit der Oberkreide nicht mehr der Fall.

Ganz neue Verhältnisse stellen sich ein. Die Oberkreide liegt in Form der „Gosau" transgressiv. Ihr Verbreitungsgebiet ist ein anderes als das der früheren Schichten. So legt sich die Gosau vielfach auch direkt über das Grundgebirge der Ostalpen.

In die Wende der Unter- und der Oberkreide fällt die große Gebirgsbildung der „Gosau". Die „Gosaualpen" entstehen. Das Gebirge wächst in die Höhe, verdrängt das Kalkalpenmeer immer mehr, verlegt dieses. So wird im Norden das Flyschmeer, aus der die Sandsteinzone hervorgeht.

Die Unterkreide, das Neokom, ist in der Fazies der ammonitenreichen Roßfeldschichten entwickelt. Leitfossilien sind: *Duvalia lata* (Belemnit), *Phylloceras Tethys*, *Crioceras Duvali*, *Desmoceras difficile.* Den Übergang mit dem Jura stellen die Aptychenschiefer her. Der Ausgang der Unterkreide zeigt Sandsteine und Konglomerate. Das Meer wird seichter. Es verrät sich bereits die kommende Gebirgsbildung.

Obere Kreide. Es müssen große Vorgänge gewesen sein, die sich abgespielt haben. Wir können sie aber geologisch nicht recht fassen; denn die nächste Schicht, die Gosau, zeigt bereits ein Meer mit ganz anderen Verhältnissen. Konglomerate treten weithin auf. Sandsteine kommen zur Ablagerung. Und damit kommt auch eine andere Lebewelt.

Die tiefe weite Geosynklinale des Kalkalpenmeeres ist verschwunden.

Die Gosau zeigt unser Gebiet wieder in einer Art Archipelstadium. An den steilen Kalkalpenküsten brandet das Meer, tritt vielleicht auch in Fjorden in die Kalkalpen ein. Eine eigene Fauna lebt, so die schwerschaligen Bivalven, wie die Rudisten. Korallen sind häufig, desgleichen auch Schnecken. Vielfach ist Land vorhanden mit reicher tropischen Vegetation. In solchen Küstensümpfen und Moorlandschaften entstehen die Wälder, aus denen die Kohlen der neuen Welt hervorgegangen sind (Grünbach). Von dort sind auch Reptilien bekannt geworden, so Krokodile, Eidechsen und Dinosaurier.

Häufige Fossilien der Gosau sind: *Hippurites*, *Actaeonella gigantea*, *Pachydiscus* (Ammonit), *Cyclolites* (Koralle) u. a.

Mit der Gosau schließt die Schichtfolge der Kalkalpen. Es fehlt das ganze Alttertiär. Das Jungtertiär ist meist nur am Rande der Kalkalpen vorhanden und gehört seiner Geschichte nach zum Wiener Becken.

Auch die diluvialen Bildungen sind von untergeordnetster Bedeutung im Aufbaue der Kalkalpen.

Wir haben nun den ersten Teil der Geschichte der Kalkalpen kennen gelernt, die mannigfachen Bedingungen der Geosynklinalzeit, und zwar des Kalkalpenmeeres.

Das Wesentliche dieser Geschichte ist, daß die Geosynklinalzeit von der Trias bis in die Unterkreide andauert. Damit ergibt sich auch die kalkalpine Schichtfolge, die von der Trias ohne nennenswerte Unterbrechung bis in die Unterkreide reicht.

Wir betrachten nun den zweiten Teil, der durch die großen Gebirgsbildungen der Oberkreide und des Alttertiärs geworden ist, die **Orogenese**, die den heutigen inneren Aufbau, die **Tektonik** der Kalkalpen, geschaffen hat.

Den dritten Abschnitt der Kalkalpengeschichte, der die jüngste Geschichte betrifft, den heutigen äußeren Aufbau, die Morphologie, werden wir später besprechen (siehe Abschnitt 10).

Die Kalkhochalpen

Den relativ einfachsten Bau zeigen die Kalkhochalpen. Rax, Schneeberg, die Hohe Wand gehören hieher. Wir alle kennen diese Steinkolosse, die breite Plateaus bilden und mit steilen Mauern zur Tiefe sinken. Wo die Schichten zutage treten, erscheinen meist horizontalliegende Kalke mit Dolomitmassen. Der großartigste Aufschluß findet sich in diesen einförmigen Kalkmassen im Tale der Schwarza (Höllental).

Doch wird ein einfacher Bau vorgetäuscht. Er ist in Wirklichkeit komplizierter. Leider ist er bisher trotz der Studien von Geyer, Bittner, Kober, Kossmat und Ampferer u. a. noch nicht in seiner Gänze erfaßt.

Ich habe vor Jahren zu zeigen versucht, daß hier Deckenbau herrscht. Kossmat, Ampferer konnten ihn nur bestätigen, wenngleich besonders Ampferer den Anschein erwecken wollte, als wären meine Darstellungen ganz verfehlt. Wir sehen folgendes:

Wenn wir den **Südrand der Kalkalpen** bei Payerbach näher studieren, so finden wir überall komplizierte Verhältnisse. Wir können drei, sicher zwei wichtige Zonen unterscheiden.

Im Werninggraben liegen über dem Verrucano die Werfener Schiefer, darüber folgt die sogenannte „Rauchwackenzone". Man findet Kalke, Dolomite, hell und dunkel, frisch und zermalmt, und meint, Dachsteinkalke oder Hauptdolomit zu erkennen. Fossilien sind keine da. So kann man leider nicht den Nachweis erbringen, daß man es in der Tat mit echten Triasgesteinen zu tun hat.

Wäre dies der Fall, was mir als das Wahrscheinlichste erscheint, so lägen in der Rauchwackenzone die Reste einer fast vollständig zermalmten Triasserie vor, von der ich glaube, daß sie eben der voralpinen Zone angehört.

Wir werden sehen, daß die Kalkvoralpen unter die Kalkhochalpen (im Norden) untertauchen. Sie kommen im Fenster des Hengsts, im Fenster des Sirningtales nochmals an die Oberfläche. Dann verschwinden sie wieder unter der hochalpinen Decke. So ist es möglich, ja wahrscheinlich, daß die letzten Reste der voralpinen Serie am Südrande der Kalkalpen als „Rauchwacken" erscheinen.

Über dieser Zone folgt nun abermals Werfener Schiefer, meist wenig mächtig. Dann stellen sich Gutensteiner Kalke ein, Ramsaudolomite, Halobienschiefer, endlich Hallstätter Kalke in typischer Entwicklung. Darüber liegt die Gosau.

Abb. 14. Der Südabfall der Gahns oberhalb von Payerbach

Man sieht die Hallstätter Zone des Geyerstein. Die tiefste Zone mit den Rauchwacken des Werninggrabens ist nicht zu sehen. Deutlich tritt die Hallstätter Zone (Zone II) hervor. Basal liegen Werfener Schiefer, darüber folgt der Ramsaudolomit *R*, darüber der Hallstätter Kalk mit Halobienschiefer *R*. Über den Hallstätter Kalken liegt transgressiv die Gosau *G*. Über der folgt die Schneebergzone *III* mit Werfener Schiefern *W* einsetzend. Darüber kommen die Schneebergkalke *SK*. Noch höher liegen als Zone IV die Werfener Schiefer der Bodenwiese (Original)

Haben wir diese zweite Zone überschritten, so folgt abermals Werfener Schiefer, der lokal sogar noch Quarzporphyrschollen enthält. Darüber bauen sich die Kalkmassen des Schneeberges und der Rax.

Die unterste „voralpine" Rauchwackenzone (erste Zone) kann man vom Florianikogel bis nach Altenberg verfolgen. Geyer hat sie schon gesehen, sie aber für eine sedimentäre Einschaltung im Werfener Schiefer gehalten, was sicherlich nicht zutrifft. Wer sich davon überzeugen will, der besuche das Profil des Werninggrabens und des Florianikogels, wo über der Rauchwackenzone, wie schon bereits erwähnt wurde, der silurische Kalk und Radiolarit liegt.

Diese zweite Zone, die ich als Hallstätter Decke bezeichnet habe, kann gleichfalls in mehr oder weniger klarer Form durch das Südgehänge des Schneeberges und der Rax verfolgt werden.

Die dritte Scholle, die ich 1909 als hochalpine Decke bezeichnet habe, baut die Hauptmasse des Schneeberges, der Rax. Es ist nicht sicher, ob diese Decke, wie ich früher annahm, hochalpin ist, d. i., der Decke des Dachsteins selbst gleichzustellen ist. Es könnte sich dabei auch um eine Wiederholung der Hallstätter Decke handeln. Es ist auch möglich, daß die Schuppe zwei und drei in enger Verbindung stehen und Teilschuppen der Hallstätter Decke sind, wie dies im Schneealpengebiet der Fall ist, wo ebenfalls zwei Hallstätter Decken vorkommen.

Dementsprechend ist es möglich, daß die eigentliche hochalpine Decke, die wir z. B. im Dachsteinstock so großartig entwickelt sehen, erst über dem Schneeberg, über der Schneealpe zu suchen wäre.

In der Tat finden sich hoch oben auf dem Plateau dieser Berge Werfener Schiefer und Ramsaudolomitreste. Das ist auf der Schneealpe, in der Nähe des ehemaligen kaiserlichen Jagdschlosses, der Fall. Auf dem Schneeberg finden sich auf der großen Bodenwiese Reste von Werfener Schiefer. Diese Verhältnisse hat Geyer schon gekannt und sie für Aufbrüche von unten her gehalten.

1912 konnte ich zeigen, daß die Reste von Werfener Schiefer und Ramsaudolomit, die sich hoch oben auf dem Plateau der Schneealpe finden (Jagdschloß), einer Deckscholle angehören müssen, die noch über der Schneealpe liegt. (Vierte Zone.) So konnte später Ampferer auch feststellen, daß die Werfener Schiefer des Gahnsplateaus einer höheren Decke zugehören.

Vielleicht ist diese erst die eigentliche Dachsteindecke.

Nach allen Erfahrungen können wir sagen, daß die Kalkhochalpen nicht einheitlich sind, daß sie aus Schubmassen bestehen. Zwei oder drei lassen sich unterscheiden. Sie sind faziell anders entwickelt. Man kann eine Hallstätter Entwicklung erkennen.

Die ganze hochalpine Schubmasse liegt nun ihrerseits wieder auf den Kalkvoralpen. Man kann dies sehr schön auf der Ostseite des Schneeberges sehen.

Betrachten wir vorerst **die Region von Puchberg.**

Die Basis des Schneeberges bilden weithin (über dem Schneebergdörfl) die Werfener Schiefer, darüber bauen sich die Kalke des Schneeberges, von denen man nicht recht weiß, ob sie wirklich der oberen Trias angehören, wie man allgemein annimmt.

Geht man nun weiter gegen Süden, so trifft man auf die Dachsteinkalke des Hengstes, die von Liasfleckenmergel überdeckt sind. Die Kalkmassen des Hengstes bilden ein tonnenartiges Gewölbe, das unter die

Werfener Schiefer des Kaltwassersattels, also des Schneeberges, eintaucht. So liegt der Hengst genau so unter dem Schneeberg, wie die lange Welle der Dürren Wand.

Noch weiter im Süden ist die voralpine Serie unter den Kalkhochalpen zu erkennen. Das ist das Fenster von Ödenhof, das *Kossmat* und *Ampferer* bereits erkannt haben.

Abb. 15. Der Schneeberg von der Hohen Wand gesehen

Die punktierte Linie bedeutet die Überschiebungsgrenze der hochalpinen Zone über die voralpine. Der Schneeberg *S* liegt als eine große Schubmasse mit Werfener Schiefer an der Basis über den Dachsteinkalken (mit Jura) des Hengstes (links) und des Faden (Nach einem käuflichen Lichtbilde)

Im Sirningtale kommt durch die Erosion inmitten der Kalkhochalpengesteine das typische Voralpin wieder zu Tage. Es ist unverkennbar. Ungemein fesselnd ist der Gegensatz der schön geschichteten Dachsteinkalke zu den massigen Hallstätter Kalken. Man sieht, wie die Dachsteinkalke *unter* die Hallstätter Kalke untertauchen. Dabei ist noch Rhät und Liasfleckenmergel vorhanden. Die obere Scholle beginnt mit Werfener Schiefer und trägt die Hallstätter Kalke. Diese kann man in einem Zuge von Puchberg bis hieher verfolgen.

Die Nordseite des Fensters ist hier im Bilde wiedergegeben und ist recht überzeugend. Der Südrand des Fensters ist nicht so sprechend aufgeschlossen.

Damit ist der Beweis erbracht, daß die voralpine Decke tatsächlich **unter** den Kalkhochalpen liegt.

Die Verhältnisse sind hier zu klar, als daß ein ernster Geologe noch zweifeln kann. Hier enthüllt sich ein Deckenbau, der längst schon hätte erkannt werden können.

Bittners Auffassungen. *Bittner* war einmal nahe daran, hier eine große Entdeckung zu machen. Er sah sie sozusagen, er ahnte sie, er fand, daß hier etwas im Spiele sei. Aber die Zeit ließ solche Ahnungen noch nicht reifen.

Bittner hatte schon erkannt, daß die Dachsteinkalke der Dürren Wand unter den Schneeberg nach Süden hin einsinken. Er sah die gleichen Kalke im Hengst auftauchen. Er sagte, man müßte sich diese Kalkmassen zu einer großen Mulde verbunden denken. Wie soll dann aber der Werfener Schiefer in dieser Mulde liegen? Er kann doch nur von unten her kommen, durch einen „Aufbruch", längs der „Puchberger Aufbruchslinie".

Abb. 16. Das voralpine Fenster des Sirningtales süd von Puchberg

Die voralpinen Dachsteinkalke (schön geschichtet!) fallen mit Liasfleckenmergel unter Werfener Schiefer (Wiesengelände) und Hallstätter Kalk, der links an der Straße ansteht und die Höhe im Mittelgrunde bildet (Original)

Hätte Bittner damals denken können, daß der Werfener Schiefer an der Basis des Schneeberges in der großen Mulde von Dachsteinkalk läge, in der großen Synklinale, die sich von der Dürren Wand zum Hengst hinspannt; hätte Bittner damals denken können, daß der Werfener Schiefer von oben her der Mulde eingeschoben wäre, dann hätte er die Deckenschollennatur der Schneebergmasse erkannt und damit die Überschiebung der Kalkhochalpen auf die Kalkvoralpen.

Das Ergebnis einer solchen Auffassung wäre für die damalige Zeit die Entdeckung des Deckenbaues der Kalkalpen gewesen. Doch die Zeit war so großen Ideen noch nicht gewachsen. Um solche Gedanken reifen zu lassen, mußten noch 30 Jahre vergehen.

Abb. 17. Aussicht vom Schneeberg auf die Dürre Wand-Mandlingzone und die Hohe Wand

Man sieht links die voralpinen Wellen, rechts den Plateaubau der Kalkhochalpen, in der Hohen Wand. Die punktierte Linie bedeutet die Hernstein-Puchberger Linie. Die Niederungen sind mit diluvialen Schottern erfüllt, ferner mit Gosau *G* und Werfener Schiefern *W*. Über diesen folgt in der Hochalpenzone der Muschelkalk *M*, dann der Lunzer Sandstein *L*, endlich die Hallstätter Kalke *Ha*. Die voralpinen Ketten bauen sich aus jungen Schichten auf, aus Hauptdolomit *H*, Dachsteinkalk *D* und Jura *J*. Im Voralpinen liegen in der Mamau auch hochalpine Schollen von Werfener Schiefer und Muschelkalk inmitten von Gosau. Links der lange Rücken ist die Dürre Wand. Den Hintergrund bilden die Mandlingzüge. Rechts die Hohe Wand. Rechts im Vordergrunde bei *M* liegt Puchberg (Nach einem käuflichen Lichtbilde)

Ich habe das ausgeführt, um zu zeigen, daß unsere älteren Geologen, wie etwa A. Bittner, schon eine Reihe von Erscheinungen gesehen hatten, die sozusagen ihre Schatten vorauswarfen. Es mußte nur einer einmal den Mut haben, alle diese Probleme der Alpentektonik unter einem neuen Gesichtspunkte zu sehen, und die neue Auffassung vom Baue der Alpen war geboren.

Die Aufschiebung der Kalkhochalpendecke auf die voralpine ist heute klar erkannt. Sie tritt auch auf der Nordseite der **Hohen Wand** in Erscheinung und ist insbesondere in der Region des Miesenbachtales gut entwickelt. Man sieht vielfach, wie Muschelkalke und Hallstätter Kalke als Klippen auf Liasfleckenmergel und Juragesteinen schwimmen. Die Auflagerung der Wandscholle auf die Mandlingschuppen hat übrigens Bittner schon erkannt.

Zum letzten Male finden wir hochalpine Kalkschollen, und zwar echte Hallstätter Kalke mit Werfener Schiefer (Haselgebirge) bei Hernstein. So geht die Grenzlinie von Kalkvor- und Kalkhochalpen von hier gegen Puchberg und weiter fort gegen Mariazell.

Innerhalb der Kalkhochalpen haben wir nun eine Reihe von untergeordneten Linien zu unterscheiden. Wir wissen, daß die Kalkhochalpen keine einheitliche Schubmasse sind, daß sie aus zwei oder drei Decken bestehen. Diese grenzen sich gegenseitig durch scharfe Linien ab. Sie sind aber noch nicht genau erkannt. Vielfach ist es auch so, daß die tiefere Hallstätter Decke nur aus Schollen von Kalken besteht. Dann bilden diese Hallstätter Kalke eben nur kleine, isolierte Klippen von Hallstätter Kalk, wie das z. B. bei Hernstein der Fall ist. Hier besteht die Hallstätter Decke nur mehr aus einem Block Hallstätter Kalk und aus „Haselgebirge" (Werfener Schiefer mit Gips). Ähnliches dürfte auch von den Hallstätter Schollen der Puchberger Mulde gelten. In dem Falle kann man nicht sagen, daß hier eine eigene Linie als Deckengrenze weithin zu verfolgen sei. Sie ist aber doch vorhanden. Derartige Linien treten am schönsten am Südrande der Kalkalpen hervor. So kann man von einer Werninglinie sprechen, die die „Rauchwackenzone" markiert; die „Gahnslinie" trennt die tiefere Hallstätter Scholle von der höheren Schneebergscholle.

Eine andere Linie ist die „Rohrbacher Linie". Sie ist keine Deckengrenze, eher mehr eine Bruchlinie, die das Schneebergmassiv in zwei Schollen spaltet, eine nördliche und eine südliche; erstere umfaßt den eigentlichen Schneeberg, letztere die Feuchter-Gahnsgruppe.

In der Hohen Wand Zone ist gleichfalls eine solche Zweiteilung der Schollen zu erkennen. Hier trennt aber die große Gosaumulde der Neuen Welt die nördliche Hohe Wand Scholle von der südlichen Scholle des Emmerberges.

Das ist aber **jüngere Tektonik,** die mit dem ursprünglichen Deckenbau wahrscheinlich nichts zu tun hat. Es ist eine Zerlegung der Kalkschollen durch jungtertiäre Brüche. Solche Dislokationen der Schollen finden wir auch im Raxgebiet. Bittner und Geyer konnten schon zeigen, daß z. B. die Rax durch einen Hauptbruch in zwei Schollen zerlegt wird. Die eine Scholle umfaßt den Jakobskogel, die zweite die Heukuppe und das Scheibwaldplateau. Der Bruch ist längs der Scheibwaldmauern (Lechner Mauern) durch das kleine Höllental zu verfolgen. Er setzt offenbar im Schneeberggebiet noch fort und läßt die Scholle des Kuhschneeberges von der des Hochschneeberges absinken.

Abb. 18. Die Hochfläche der Rax vom Schneeberg gesehen
Die alte Verebungsfläche tritt ungemein scharf hervor. Die punktierte Linie gibt den Verlauf der jungen Bruchlinie (Nach einem käuflichen Lichtbilde)

Durch diese Dislokationen wird die Hochfläche der Kalkhochalpen verworfen. So sind diese Brüche echte Schollenbrüche jungen Datums. Da man diese alte Landoberfläche der Rax für (alt-) miozän hält, so müssen die Dislokationen noch jünger sein und im engsten Zusammenhange mit der Entstehung der heutigen Landschaft entstanden sein. Demnach können wir in diesen Schollenverstellungen nur Störungen miozänen oder pliozänen Alters sehen.

Solche jugendliche Dislokationen finden wir auch im Gebiete der Hohen Wand. Da ist den Geologen von jeher der Wandabbruch auffällig. Bittner hat schon beschrieben, wie die Wand gegen das Becken der Neuen Welt abbricht, wie die Wandkalke zum Teile über den Gosausandsteinen der Neuen Welt liegen. E. Sueß hat diese Rückfaltung der Hohen Wand auch im „Antlitz der Erde“ eingehender besprochen.

Man hat gemeint, daß diese Rückbeugung gegen Süden, gegen das Wiener Becken zu, mit dessen Einbruch zusammenhänge. Und Hassinger kam aus verschiedenen Überlegungen dazu, hier jüngere Störungen anzunehmen. Das ist auch der Fall. Wir müssen denken, daß die „Rückfalte“ der Hohen Wand, die übrigens in der letzten Zeit in ihrer Existenz bestritten worden ist, mit der Deckentektonik nichts zu tun hat, sondern eine junge Tektonik ist. Dafür spricht in erster Linie auch das ganze morphologische Verhalten dieser Zone. Der Wandabbruch ist noch wenig erodiert. Er zeigt noch deutlich den „Abbruch".

Wenn auch die Wandkalke stellenweise über die tiefer eingesunkene Gosau der neuen Welt ein wenig überkippt sind, so sprechen doch alle Verhältnisse dafür, daß man es hier mit einer spätmiozänen, wahrscheinlich **pliozänen Dislokation** zu tun hat, die entstand, als im Pliozän die heutige Landschaft angelegt wurde.

Störungslinien dieser Art gibt es noch mehrere im Gebiete der Kalkhochalpen. Eine solche verläuft auch über Höflein und verwirft die Gosau gegen Werfener Schiefer. Eine andere verläuft auf der Nordseite des Emmerbergzuges und zeigt, ähnlich wie der Wandbruch, die Triaskalke über der Gosau.

Nun sollen noch einige Worte selbst über **die Gosauablagerungen** folgen, die im Gebiete der Kalkhochalpen, besonders in **der „Neuen Welt"** sich finden.

Diese Gosauablagerungen bilden eine Art Wanne (Synkline) und zeigen den typischen Schichtbestand der alpinen Oberkreide. Das ist die Gosaufazies. Diese ist nur der alpinen Zone, der Geosynklinale eigen, und zwar nur derem ostalpinen Bereiche.

Die Gosau der Neuen Welt besteht aus Sandsteinen, Schiefern, aus Kalken. Sie ist auch kohleführend. Fossilien sind relativ zahlreich. So bilden sie das „Schneckengartl" bei Dreistätten, wo man Aktäonellen (Schnecken) auf Schritt und Tritt finden kann. Die Gosau der Neuen Welt hat auch Reste von Reptilien (Dinosauriern) geliefert. So ist diese Gosau eine recht interessante Ablagerung der Oberkreide der Kalkhochalpenzone. Die Gosau der Kalkvoralpen zeigt diese charakteristischen „Gosau"merkmale nicht mehr so ausgesprochen. Insbesondere werden die Gosauablagerungen der Randkette flyschartig.

Das Profil der Gosau von Grünbach zeigt alle charakteristischen Erscheinungen. Man sieht, vor allem gegen die Wand zu, die überstürzte Stellung der Gosauschichten. Sie liegen mit Konglomeraten den Wandkalken auf. Hippuriten und Aktäonellen sind häufig. Deutlich treten auch die Orbitoidensandsteine hervor, endlich die kohleführenden Süßwasserschichten. Die Muldenmitte nehmen die weithin aufgeschlossenen Inoceramenmergel ein, die allenthalben Inoceramen erkennen lassen. Südlich von Grünbach bilden grobe (typische) Gosaukonglomerate die Grenze gegen die Werfener Schieferaufbrüche.

Auffallend grobe Gosaukonglomerate sieht man auch neben dem Bahngleise in der Umgebung der Haltestelle Grünbach.

Gosauschichten finden sich ferner noch im Bereiche von Gadenweith. Es ist typische Hallstätter Gosau, die zugleich von der höheren Gahnsscholle durch Aufbrüche von Werfener Schiefer mit Quarzporphyr getrennt ist.

Gosaureste kommen ferner noch um Schrattenstein vor. Ein langer Gosaustreifen läßt sich weiters von Dörfles über Würflach gegen Reith verfolgen. An dieser Linie taucht die Oberfläche der Kalkhochalpenscholle in das Wiener Becken hinab. Die Emmerbergscholle läßt ein solches Gosaudach beim Absinken in das Wiener Becken nicht immer erkennen. Um die Mahlleiten ist es wohl vorhanden. Die Gosau von Hernstein ist wahrscheinlich auch schon hieher zu zählen.

Betrachtet man **das allgemeine Bild,** so macht es den Eindruck, wie wenn die in die Höhe gepreßte Schneebergscholle gegen Osten zu immer mehr in die Tiefe sinken würde. Dabei entspannt sich gegen den Abbruch des Wiener Beckens der Kalkhochalpenkörper. Sein Bau wird freier, offener. Allem Anscheine nach liegt in der Hohen Wand nur mehr eine Kalkhochalpendecke vor, während im Schneeberg- und Schneealpengebiet drei zu erkennen sind. Sind diese oberen Teildecken im Gebiete der Hohen Wand überhaupt nicht mehr zur Entwicklung gelangt, nicht mehr so weit gegen Norden vorgedrungen?

Wir machen auch hier wieder Erfahrungen, die dafür sprechen, daß die Decken stirnen.

In den Kleinen Karpathen ist die Kalkhochalpenzone überhaupt nicht mehr vorhanden. Auch die Grauwackenzone nicht. Sie sind im Süden zurückgeblieben. Dieses Zurückweichen gibt sich schon am Ende unserer Kalkhochalpenzone zu erkennen.

Die Kalkvoralpen

Wenn wir nun die Hernstein-Puchberger Linie nordwärts überschreiten, kommen wir in die Kalkvoralpen und damit in einen Kalkalpenanteil **mit eigenem Charakter**, der dann bis zur Flyschgrenze anhält.

Morphologisch sehen wir in den Kalkvoralpen ein neues Bild. Nicht mehr wuchtige Plateaus, sondern eine mehr aufgelöste Landschaft ist vorhanden. Rücken, Ketten, Kämme und lange Wellen treten hervor. Ungemein charakteristisch ist in dieser Hinsicht die Landschaft der Dürren Wand.

Auch die Schichtfolge ist anders. Kalke und Schiefer wechseln. Der Jura ist reicher entwickelt. Die Gosau zeigt insbesondere in den nördlichen Ketten Anklänge an den Flysch.

Auch der Bau der Kalkvoralpen ist ein anderer. Die Schichten wiederholen sich von Norden gegen Süden schuppenartig. So wird die Schuppenstruktur für die Kalkvoralpen charakteristisch, die auf einen Faltenbau zurückzuführen ist. Liegende Falten erscheinen. Derartiges gibt es im hochalpinen Baue nicht. Gegen den Flysch zu werden die einzelnen Teildecken der Kalkvoralpen immer schmächtiger und kleiner. Zum Schlusse bleiben nur mehr Schollen übrig, die dann Klippen bilden. Sie sind Schubspäne an der Basis, an der Stirn der Kalkalpendecke, tektonische Moränen.

Die Kalkvoralpen zeigen eine Zusammenstauchung in Falten (Decken), die zum Teil auch passiv entstanden sein dürften, als die große Kalkhochalpenscholle über das voralpine Gebiet wanderte. Die Kalkhochalpen schoben die Kalkvoralpen vor sich her und zusammen. So erklärt sich am einfachsten der stark zusammengestaute Faltenbau des Südrandes der Voralpen im Gebiete der Dürren Wand und des Mandling. (Siehe Abb. 21 und 22.)

Der Gesamtaufbau der Kalkalpenfalten, Decken, Schubmassen macht den Eindruck, wie wenn er auf eine große zusammengestaute Schichtfolge zurückzuführen wäre. Auf eine riesige in sich wieder gestaute Falte, die im großen und ganzen aus einer Liegend- und einer Hangendserie bestünde.

Die liegende Serie wäre die Randkette, die hangende die Hauptkette. Die Grenze wäre die große Gosaumulde der Brühl-Altenmarktzone.

Die Randkette liegt immer unter dieser Gosaumulde, die Hauptkette immer darüber. Der Liegend-, wie der Hangendflügel sind in sich wieder gestaut. Letzterer läßt zuerst Stauchungen und Schuppungen der tieferen Zone, also des Werfener Schiefers und des Muschelkalkes erkennen. Später, d. h. im Dache und besonders an der Grenze gegen die Kalkhochalpen treten die Schuppungen der Dachsteinkalk-Jurazüge ein. Im Liegendflügel findet sich der Hauptsache nach nur mehr obere Trias und Jura über Gosau gestaut.

So wäre die Trennung von Rand- und Hauptkette, die ich 1911 vorgeschlagen habe, auch tektonisch tief begründet.

Die Hauptkette

Wir betrachten nun zunächst die Hauptkette, die den größten Teil der Kalkvoralpen aufbaut und südlich der Linie Brühl—Altenmarkt a. d. Triesting und Kleinzell liegt. Diese ganze Scholle ist eine Decke, die auf der Gosau der Randkette aufliegt und die selbst wieder von den Kalkhochalpen überschoben wird.

Ich habe 1911 diese Decke Ötscher Decke genannt, weil ihr im Westen der Ötscher zugehört. Wir können diese Bezeichnung auch heute beibehalten, obwohl Einwendungen gemacht worden sind. So hat Spengler in letzter Zeit Teile diese Decke im Westen Reisalpendecke genannt und diesen neuen Namen damit motiviert, daß man nach den Untersuchungen von Ampferer im Ötscher Gebiet nicht wisse, ob der Ötscher tatsächlich das Äquivalent der Hauptkette wäre. Ampferer hat vor Jahren nämlich die Behauptung aufgestellt, daß die Ötscher Decke gar nicht die oberste voralpine Decke wäre. Denn bei Lunz sehe man die Ötscher Decke unter die Lunzer Decke eintauchen. Diese sei die höchste voralpine Decke.

Ampferer hat für seine Behauptung bisher keinerlei Beweise erbracht. So ist kein Grund vorhanden, von unserer Anschauung abzugehen. In der Tat sehen wir ja auch, wie die Randkette und damit die Lunzer Decke überall unter der Hauptkette liegt. Lokale Störungen im Lunzer Gebiet haben Ampferer zu einer unrichtigen Auffassung verleitet.

Abb. 19. Die Überschiebung der Lunzer Decke durch die Ötscher Decke bei Kleinzell

Der Bergzug besteht aus flachliegendem Muschelkalk. Zu seinen Füßen auf den Wiesenflächen Gosau, die auf Hauptdolomit mit Jura der Lunzer Decke liegt. Basal des Muschelkalkes Cardiniensandsteine (Liegendschenkel). Die Morphologie macht den Eindruck, wie wenn die Überschiebung die weite Verebungsfläche zerschnitten hätte. Dann müßte die Überschiebung jungtertiär sein (in der heutigen Form) (Nach einem käuflichen Lichtbilde)

Gliederung der Hauptkette. Die Hauptkette unseres Gebietes läßt sich tektonisch in vier Schollen gliedern, die wir nach den Hauptbergen, die sie bilden, die Hocheck-Kieneckscholle, die Unterberg-Almesbrunnscholle, die Dürre Wand-Mandling- und die Anninger-Lindkoglscholle nennen wollen.

Aufbrüche von unterer und mittlerer Trias scheiden die Schollen, so die Further, die Gutensteiner und die Vöslauer Linie. Die beiden ersteren spalten sich süd von Altenmarkt als sekundäre Äste der Hauptüberschiebungslinie, der Altenmarkter Linie, ab und ziehen südwärts über Furth und Gutenstein in das Gebirge. Längs dieser Linien schieben sich die Schollen nordwestwärts übereinander. An der Vöslauer Linie ist dagegen ein Überschieben der Lindkogelscholle gegen Westen vorhanden, die sich von Reisenmarkt über Merkenstein bis Vöslau verfolgen läßt.

Alle diese Linien entstehen im Kampfe um den Raum an der Stelle des Umschwenkens der Kalkalpen aus der westlichen (alpinen) in die nordöstliche (karpathische) Streichungsrichtung, im Knie von Altenmarkt, als ein Abbild des Herumschwenkens der Alpen um die Südostecke des böhmischen Massivs. Es sind sekundäre Überschiebungen, die sich zum Teil auch bald im Gebirge wieder verlieren.

Die Hocheck-Kieneckscholle liegt zwischen der Altenmarkter und der Further Linie, baut das Hocheck, das Kieneck und besteht

Abb. 20. Die liegende Falte von Dachsteinkalk am Gaisstein
(Original)

aus Werfener Schiefer, Muschelkalk, Lunzer Sandstein. Der Hauptbaustein ist der Hauptdolomit. Dachsteinkalk ist am Hocheck vorhanden. Lias und Jura fehlt infolge der Erosion. Oberkreide legt sich der Südostecke des Hochecks an.

Diese Scholle ist relativ einfach gebaut, bildet ein der Gosau von Altenmarkt bis Kleinzell aufgeschobenes und gegen Süd fallendes Schichtpaket, das in sich noch zertrümmert ist und an der Basis bei Kleinzell einen Liegendschenkel mit Rhät, Liassandsteinen mit *Gryphäen* erkennen läßt.

Gegen Osten scheint sich die Hocheckscholle in Klippen aufzulösen, die auf der Gosau schwimmen. Hieher wären vielleicht die Muschelkalk- und Hauptdolomitpartien von Nöslach zu rechnen.

Die Unterberg-Almesbrunnscholle zeigt an der Further Linie südwärts fallenden Wettersteinkalk. Das gleiche ist auch an der Südgrenze, der Gutensteiner Linie, der Fall. Zwischen beiden Aufbruchslinien liegt geschuppter Hauptdolomit, der im Almesbrunn kleine liegende Falten von Dachsteinkalk und Jura zeigt. Auch Gosau ist hier vorhanden.

Die Hauptdolomitkörper der Kieneck- und der Almesbrunnscholle bilden weiter westwärts das Hauptdolomitgebirge von Rohr (im Gebirge).

Die Dürre Wand-Mandlingscholle ist komplizierter gebaut. Sie repräsentiert gewissermaßen den Rücken der Decke; darum erscheinen hier die jüngsten Glieder, besonders am Südrande gegen die Kalkhochalpen. Hier entstehen unter dem Ansturme der nachdrängenden Kalkhochalpen die nordgeschlagenen Synklinalen von Dachsteinkalk und Jura. Auch Gosau ist vielfach vorhanden. (Siehe Abb. 17.)

Wie die Karte lehrt, folgt auf den Gutensteiner Aufbruch der Hauptsache nach eine Hauptdolomitlandschaft, der dann weiter südlich die Dachsteinkalkfalten folgen. Man kann drei Züge unterscheiden.

Der erste läßt nur mehr Reste von Dachsteinkalksynklinalen im Waxeneck erkennen. Der zweite Zug ist bereits mächtiger und baut die Dürre Wand und den Hohen Mandling. Dieser Zug zeigt kalkigen Jura und Gosau. Das dritte Dachsteinkalkband baut den Größenberg, den Nußberg, den Kressenberg, den vorderen Mandling. In der Zone ist der Lias nur in Fleckenmergelfazies entwickelt.

Diese Feststellung ist deswegen von Interesse, weil wir im Ötscher Gebiet die gleiche Faziesdifferenzierung erkennen, indem der Ötscher selbst kalkigen Jura hat, während bei Mariazell wieder die Fleckenmergel des Lias herrschen. Dieses eigenartige Verhalten ist für die Ötscher Decke ungemein charakteristisch.

Die Ötscher Decke taucht längs der Hernstein-Puchberger Linie unter die Kalkhochalpen und erscheint unter diesen im Fenster des Hengsts, im Fenster von Ödenhof im Sirningtale. (Siehe Abb. 15 und 16.) Die Überschiebungsbreite mag hier 6 km betragen. Damit ist aber noch nicht das Ende der Ötscher Decke unter den Kalkhochalpen erreicht. Sie zieht noch unter denselben weiter gegen Süden fort und es ist wahrscheinlich, daß Reste der voralpinen Serie in der „Rauchwackenzone“ des Werninggrabens, des Florianikogels vorhanden sind.

Die Profile 21 und 22 geben einen Durchschnitt der Kalkalpen von Kaumberg bis Fischau und zeigen in klarer Weise den Schuppenbau der voralpinen Serie. Daran schließt sich mit einfacherem Bau die Hohe Wandscholle, die den Kalkhochalpen zuzurechnen ist.

Die Dürre Wand-Mandlingscholle ist die größte Scholle der Hauptkette und senkt sich gegen Osten unter die tertiären Ablagerungen der Bucht, die vom Ausgange des Piestingtales über die Triesting in das Gainfahrner Becken sich erstrecken. An einer Linie, die von Neuhaus südlich gegen Ober Piesting zieht, endet die Hauptscholle. Jenseits derselben ragen aus der tertiären Bedeckung die Schollen von Hernstein, Berndorf und Enzesfeld heraus.

Die Fortsetzung der Hauptscholle treffen wir erst an der Vöslauer Linie wieder. Doch ist die Hauptscholle hier westwärts überfaltet. Die Überfaltung wird nicht bedeutend sein. Man sieht jedenfalls, daß die

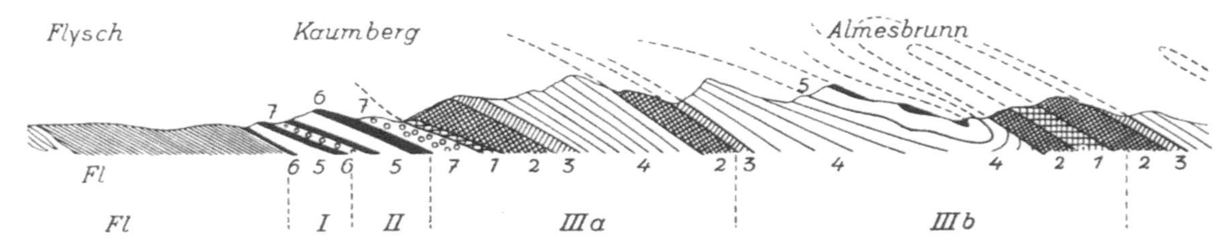

Abb. 21. Übersichtsprofil durch die Kalkzone von Kaumberg bis Pernitz

Fl = Flyschzone. *I* = Klippen- und Frankenfelser Zone. *II* = Lunzer Decke. *III* = Ötscher Decke, und zwar *III a* = Hocheckschuppe, *III b* = Almesbrunnscholle. *1* = Werfener Schiefer. *2* = Gutensteiner und Reiflinger Kalk. *3* = Lunzer Sandstein. *4* = Hauptdolomit. *5* = Dachsteinkalk. *6* = Jura. *7* = Gosau (Original)

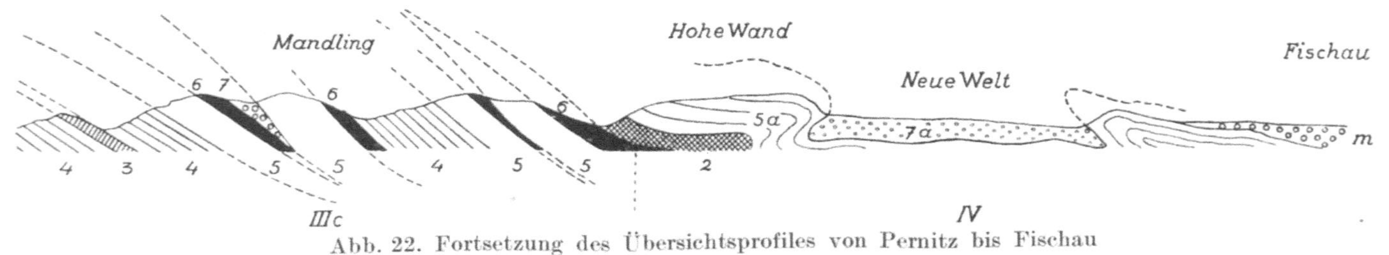

Abb. 22. Fortsetzung des Übersichtsprofiles von Pernitz bis Fischau

III c = Mandlingscholle. *VI* = Hohe Wand-Decke (hochalpin). *2*—*7* wie in Abb. 21. *5 a* = Hallstätter Kalk. *7 a* = Gosau. *m* = Miozän. Abb. 21 und 22 geben einen Überblick über den Schuppenbau des Voralpinen *I*—*III* und des Hochalpinen *VI* (Original)

Abb. 23. Blick vom Hocheck auf die Kalkalpen des Triestingtales

Im Hintergrunde das Leithagebirge, davor das Wiener Becken. Links der Vöslauer Kogel. In der Bildmitte Berndorf. Zwischen die Kalkalpen und das Wiener Becken schaltet sich das breite jungtertiäre Plateau des Triesting-Piesting-Deltas ein, das auf dem Bilde zu erkennen ist, besonders rechts (der flache Zug vor dem Wiener Becken) (Original)

Dachsteinkalke von Vöslau, von Merkenstein, der Jura von Rohrbach unter die Muschelkalke des Lindkogels einfallen.

Man wird sich vorstellen müssen, daß die verschiedenen Dachsteinkalkzüge der Dürren Wand-Mandlingschuppen sich unter dem Tertiär infolge des allgemeinen Niedersinkens der Schuppe mehr oder weniger zu einem geschlossenen Dache verbinden. Dieses Dachsteinkalkdach wird dann von Osten her, vom Muschelkalkzug des Eisernen Tores überschoben.

Abb. 24. Klippe von Muschelkalk über Gosau bei Alland. Nach einem Lichtbilde von Bergrat G. Götzinger

Der Muschelkalk liegt als Deckscholle auf der Gosau (weiches, flaches Gelände)

Die Anninger-Lindkogelschuppe zeigt einen Bau gleicher Art wie die zweite Zone der Mandlingschuppe. Der Jura im Eisernen Tor, im Anninger ist immer kalkig entwickelt. Die dritte Zone mit der Fleckenmergelfazies fehlt im Anninger-Eisernen Torstock gänzlich.

Der Anninger und das Eiserne Tor zeigen an ihrem Nordrande zwei Phänomene, die von Bedeutung sind. Erstens legen sich Schollen von Muschelkalk als Klippen auf die Gosau. Solche sind bei Alland, in der Brühl bekannt. Sie sind die letzten Reste der einmal die Gosau weit überdeckenden Anninger-Eisernen Torscholle. Zweitens finden sich im Eisernen Torgebiet und dessen Fortsetzung gegen Westen

Liegendschenkeltrümmer. Jurasandsteine erscheinen. Sie sind Südwest von Alland weithin aufgeschlossen. Sie führen *Gryphaea arcuata* genau so wie an der Basis der großen Überschiebung bei Kleinzell.

Diesen Liasschuppen muß eine größere Bedeutung zukommen, da sie sich auf so weite Strecken finden. Sie kommen sogar noch unter der großen Muschelkalküberschiebung der Reisalpe vor.

Interessant ist die Fazies dieser Liegendserie, die mit ihren Sandsteinen gar nicht in die kalkige Ötscher Decke paßt. Vielleicht hat man es hier mit verschleppten Schollen der Lunzer Decke zu tun.

Das interessanteste Phänomen der Eisernen Torscholle ist **das Fenster**, das **im Schwechattale** erscheint. 1908 schon konnte ich zeigen, daß bei Sattelbach unter dem Muschelkalk des Eisernen Tores eine verkehrte Folge von Dachsteinkalk und Jura (Neokom) vorhanden sei.

Das Schwechatfenster ist um Sattelbach sehr hübsch aufgeschlossen. Man trifft an der Straße ost von Sattelbach zuerst Gosau, dann darüber Muschelkalk. Dann folgt in einem Aufschlusse der Lunzer Sandstein. Diese ganze Schichtfolge dürfte verkehrt liegen. Dann folgt der Kern der nordbewegten Falte mit Muschelkalk. Darüber baut sich die normale Serie auf und es folgen Lunzer Sandsteine, fossilführende Opponitzer Kalke, endlich Hauptdolomit.

Wenn man nun die Straße verläßt und den Weg links über die Wiese hinaufsteigt, kommt man auf Jura, der weiter bachaufwärts, gegen den großen Muschelkalksteinbruch zu, in der Tiefe des Tales (in der Nähe des Hauses) in horizontalen Schichten aufgeschlossen ist. Man findet hier rote und grüne Neokom-Tithonradiolarite, dann rote Ammonitenkalke, endlich weiße Crinoidenkalke, Spuren von Rhät, Dachsteinkalk, dann Lunzer Sandstein. Über dieser verkehrten Serie liegt der Muschelkalk

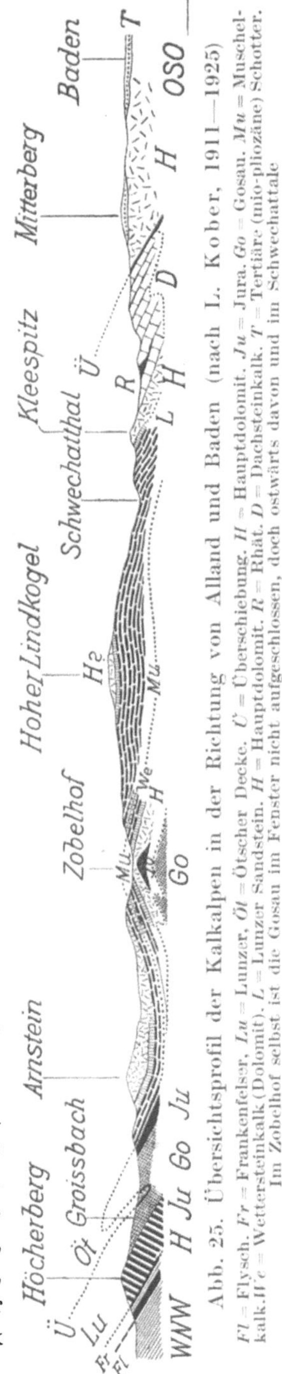

Abb. 25. Übersichtsprofil der Kalkalpen in der Richtung von Alland und Baden (nach L. Kober, 1911—1925)

Fl = Flysch. *Fr* = Frankenfelser, *Lu* = Lunzer, *Öt* = Ötscher Decke. *Ü* = Überschiebung. *H* = Hauptdolomit. *Ju* = Jura. *Go* = Gosau. *Mu* = Muschelkalk. *We* = Wettersteinkalk (Dolomit). *L* = Lunzer Sandstein. *H* = Hauptdolomit. *R* = Rhät. *D* = Dachsteinkalk. *T* = Tertiäre (mio-pliozäne) Schotter. Im Zobelhof selbst ist die Gosau im Fenster nicht aufgeschlossen, doch ostwärts davon und im Schwechattale des Eisernen Tores, der im großen Steinbruche nordfallend aufgeschlossen ist.

Die große Muschelkalkmasse des Eisernen Tores kommt infolge der Queraufwölbung in Westostrichtung zu Tage. Darauf hat jüngst auch Kölbl hingewiesen. Bittner glaubte hier schon eine Querstörung annehmen zu müssen, da die Westseite des Schwechattales aus Muschelkalk, die Ostseite aus Hauptdolomit bestünde. Er hat das Band von Lunzer Sandstein übersehen, das um die Krainer Hütte vorhanden ist und das uns sagt, daß eine normale Schichtfolge vorliegt. So kann von einer Querstörung im alten Sinne nicht die Rede sein.

Das Profil 26 gibt einen Einblick in den Bau der Kalkalpen im Raume von Alland bis Baden. Wir sehen die Flyschzone (Fl) unter die Kalkalpen eintauchen. Diese bilden zuerst die Randkette. Diese setzt sich aus der Frankenfelser und der Lunzer Decke zusammen. Die Schichtfolge zeigt Hauptdolomit und Jura. Dann folgt die Gosau. Auf der ist die Ötscher Decke aufgeschoben. Basal liegt ein Liegendschenkel mit Gryphäensandsteinen. Dann folgt der Werfener Schiefer, der Muschelkalk, der Lunzer Sandstein (?), endlich Hauptdolomit. Beim Zobelhof erscheint noch einmal das Fenster. Der Jura ist unter dem Werfener Schiefer aufgeschlossen. Die Gosau ist hier nicht zu sehen. Nun folgt die Muschelkalkmasse des Eisernen Tores. Sie trägt gegen Baden zu Dachsteinkalk, Rhät mit Jura. (An der Siegenfelder Straße aufgeschlossen.) Der Mitterberg besteht wieder aus einer neuen Schuppe von Hauptdolomit. Transgressiv liegen mio-pliozäne Konglomerate und Schotter.

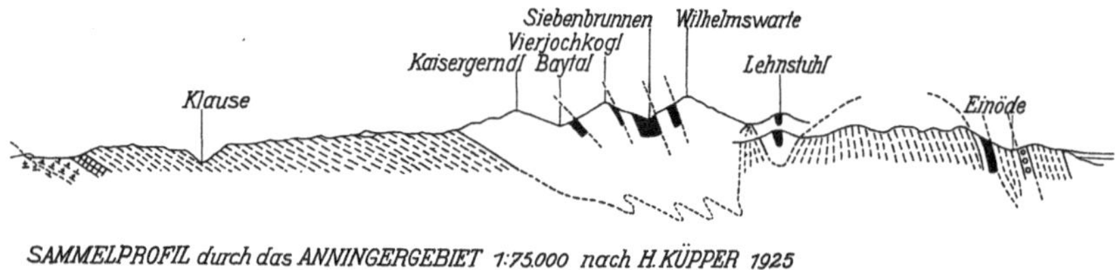

Abb. 26. Die Dachsteinkalke dürften tiefer in die Hauptdolomite eintauchen

Der Anninger Stock besteht aus einer Schichtfolge, die vom Werfener Schiefer bis in die Gosau reicht. Dabei ist wieder Schuppung vorhanden. Über der Gosau der Brühl folgt in Klippen Werfener Schiefer und Muschelkalk. Der Fuß des Anningers besteht aus Reiflinger Kalk, der in mehreren Steinbrüchen aufgeschlossen ist. Darüber folgt der Lunzer Sandstein, darüber der Hauptdolomit. Beim Eschenbrunnen beginnt der rhätische Dachsteinkalk. Auf dem Anninger Plateau sind von Toula

Hierlatzkalke gefunden worden. Sie haben nach Küpper größere Ausdehnung. Gegen Gumpoldskirchen zu gehen wir im Dachsteinkalk. In diesem ist in der Klause Jurakalk eingefaltet.

Gegen Pfaffstätten zu folgt auf den Dachsteinkalk abermals Hauptdolomit mit Dachsteinkalk. Dieser trägt die Gosau der Einöde. Dann folgt wieder Hauptdolomit. Ein Profil von Küpper veranschaulicht den Aufbau des Anningers. (Abb. 26.)

Inmitten des Anninger-Eisernen Torstockes und der Randzone liegt das tertiäre Becken von Gaaden.

Die Randkette

Die Randkette liegt zwischen der Flyschzone und der Hauptkette und besteht aus einer Reihe von Schuppen oder Decken, die in ihrer Schichtfolge, ihrem Bau weit voneinander abweichen.

Die Schichtfolge zeigt alle Schichten vom Muschelkalk bis zur Gosau. Dabei fehlen gewisse Schichten, die in der Hauptkette so typisch vertreten sind; so z. B. der Dachsteinkalk. Auch die Gosau ist zum Teile flyschartig. Die Randkette ist hauptsächlich aus Hauptdolomit und Jura aufgebaut.

Die Tektonik zeigt nicht mehr so große, frei entwickelte Falten. Der Schuppen- und Klippenbau tritt stärker hervor. Allgemein macht die Randkette den Eindruck, wie wenn sie eine Art Liegendserie der Hauptkette wäre. Die Randkette liegt immer unter der Hauptkette. Die weite Mulde der Brühl-Altenmarkter-Gosau bildet eine markante Grenze.

Die Randkette läßt eine deutliche Gliederung erkennen. Wir können die Lunzer, die Frankenfelser Decke scheiden. Unter diesen kommen die Klippendecken. Zu ihr können wir die Kieselkalkzone rechnen und die Klippen von St. Veit (?).

Die Lunzer Decke ist die oberste Decke der Randkette. Sie ist weithin zu erkennen. Sie tritt im Höllensteinzug und bei Kleinzell recht deutlich hervor. Sie beginnt mit Muschelkalk und trägt über der Trias, dem Jura und der Unterkreide die Gosau der Brühl-Altenmarkter Niederung. Diese Gosau ist vielfach schon flyschartig entwickelt. Die Korallen-, Aktäonellen-, Hippuritenkalke treten zurück. Der Sandstein überwiegt. Bei Sparbach ist auch das für die Randkette so charakteristische Cenoman mit *Orbitolina concava* vorhanden. Dachsteinkalk fehlt dieser Decke, doch ist Hierlatzkalk vertreten.

Im Höllensteinzug setzt die Lunzer Decke mit dem Muschelkalkaufbruch der Waldmühle ein und trägt über dem Hauptdolomit zwei Synklinalen von Jura. Über die beiden soll nach Spitz die Gosau transgressiv gelagert und nicht dem Faltenbau eingefügt sein. Beobachtungen im Gebiete der Josefswarte zeigen aber, daß die Gosau das gleiche Einfallen hat wie die anderen Gesteine.

Weiter im Westen ist jedenfalls die Lunzer Decke vorhanden, verschmilzt aber mit den anderen Teilen zu einer ganz schmalen Randkette, die eine Schuppung von Hauptdolomit und Jura erkennen läßt. Von Klein Zell an westwärts wird die Lunzer Decke breit und typisch.

Die nächste Zone ist **die Frankenfelser Decke.** Sie ist besonders bei Frankenfels gut entwickelt, aber auch im Höllensteinzug ist sie noch deutlich zu erkennen. Es ist die Frankenfelser Decke im Liesinggebiet jene Zone, die aus Hauptdolomit, Jura, Unterkreide und einem schmalen Gosaustreifen besteht und die Lunzer Decke unterlagert.

Die Nordseite des Liesingtales ist zum Teil von dieser Einheit aufgebaut, die nur mehr eine schmale Schuppe repräsentiert und so zum Typus der Klippenzone überleitet.

Diese beginnt mit der nächstfolgenden tieferen Zone, die man mit Spitz als die **Kieselkalkzone** zu bezeichnen pflegt. Sie bildet die äußerste Kalkalpenzone oder die innerste Klippenzone. Sie ist jedenfalls ein kalkalpines Glied und besteht im Höllensteinzug, genau so wie in Bayern — so weit ist die Zone zu verfolgen — aus einer Masse von Kieselkalken, die dem Lias angehören mögen. Dafür sprechen Ammonitenfunde. Rote Kalke werden höherer Jura sein. Dem Tithon-Neokom wären die Aptychenschichten zuzuzählen. Die Oberkreide dürfte durch Sandsteine vertreten werden. Es sind ferner in dieser Zone Spuren von Hauptdolomit-Rauchwacken, ferner solche von Rhätmergeln bekannt.

Die **Klippenzone von St. Veit** ist seit langem bekannt. Sie ist von Griesbach, von Hochstetter, in der letzten Zeit von Trauth und Spitz, dann von Friedl studiert worden. Letzterer konnte den Nachweis erbringen, daß Klippen sich auch noch im Flyschgebiet finden und dort mit Oberkreide verbunden sind. Friedl konnte eine Schichtfolge dieser Klippen geben, die mit dem Rhät beginnt und bis in die Oberkreide reicht. Diese ist eine Art „Klippenhülle", ähnlich der der Karpathen. Sie ist der Gosau gleichzustellen, wenngleich sie flyschartig entwickelt ist.

Die Klippen von St. Veit zeigen so auffällige Gesteine und Faunen, daß ihre Stellung noch recht unklar ist. Wenn man bedenkt, daß die Fortsetzung der Klippen von St. Veit gegen Waidhofen, gegen Gresten zu eine Schichtfolge zeigt, in der die Grestener Schichten unmittelbar auf Granit transgredieren, daß die Schichten des Jura kohleführend sind, aus Sandsteinen, Kalken und Mergeln bestehen, die eine Mischung von alpinen und außeralpinen Faunen führen, so kann man es begreifen, wenn Trauth, der beste Kenner dieser Zone, zur Auffassung kommt, daß hier eine außeralpine Zone vorliegt, die der Sandstein-, der helvetischen Region zuzuteilen ist, und zwar derem südlichsten Teile. Trauth nennt so diese Klippen Abkömmlinge der ultrahelvetischen Zone. (Ultrahelvetische Deckenteile.)

Es ist wahrscheinlich, daß an der Grenze von Flysch- und Kalkzone eine Mischung der Klippen eintritt, derart, daß eben in der Klippenzone Schürflinge aus dem Helvetischen und aus dem Ostalpinen (Kalkalpinen) vorliegen. So kann man die Vorstellung von Trauth ohneweiters annehmen. Freilich wird es in der Natur recht schwer sein, gewisse helvetische Klippenstücke von ostalpinen zu trennen.

Schichtfolge. Die Klippen von St. Veit (und des Tiergartens) zeigen als älteste Schicht das Rhät in Form der Kössener Schichten, die z. B. in der Talfurche nordöstlich der St. Veiter Einsiedelei aufgeschlossen waren. In den Lias gehören die Grestener Schichten, die zum Teile konglomeratisch ausgebildet sind. Quarzsandsteine sind am Westende der St. Veiter Klippe aufgeschlossen. Dazu kommen noch unreine, dunkle Kalke, die lokal zu Crinoidenkalken werden. Solche Grestener Kalke mit Muscheln, Schnecken und Ammoniten (insbesondere Arietiten) kennt man nach F. Trauth von der Einsiedelei, dann von einigen Klippen des Tiergartens (z. B. östlich der Dorotheer Schütt). Wenn man keine bezeichnenden Fossilien findet, so kann man diese älteren Kalke schwer von jüngeren, die dem Dogger angehören, trennen. Gerade in den St. Veiter Klippen erlangt dieser Horizont größeren Umfang. Es sind bläulichgraue gutgeschichtete Mergelkalke, die auch Schieferhorizonte einschließen und die im Glassauer Steinbruche (am Südfuße des Girzenberges) eine reiche Fauna der Bajocienstufe geliefert haben. Dem Bathonien gehören dichte hellgraue bis rötliche hornsteinführende Ammonitenkalke zu, dem Kelloway vermutlich rote Crinoidenkalke. Der obere Jura (Malm) wird von den Aptychenkalken und Radiolariten gebildet. In diesen Gesteinen dürfte auch das Neokom enthalten sein.

Zur Klippenzone gehören auch noch jene Schollen, die inmitten der inneren Flyschzone liegen und die Jäger und Friedl in der letzten Zeit näher bekannt gemacht haben. Es handelt sich dabei um kleine Schollen von Jura mit Neokom, die mit ihrer Oberkreidehülle auf dem Flysch liegen. Man kann zwei solcher Klippenreihen unterscheiden; eine nördliche, die fast in geschlossenem Zug von Hadersdorf bis zum Kahlenbergerdorf reicht, und eine südliche, die die Klippen von St. Veit umfaßt.

Der nördliche Zug liegt als eine schmale (falsche) Synklinale auf Eozän, während der südliche, besonders an seinem Nordrande, auf Oberkreide liegt.

Gegen Westen heben die Klippen aus, setzen aber im Schöpfelgebiet wieder ein, wie überhaupt von der Traisen an die Klippenzone

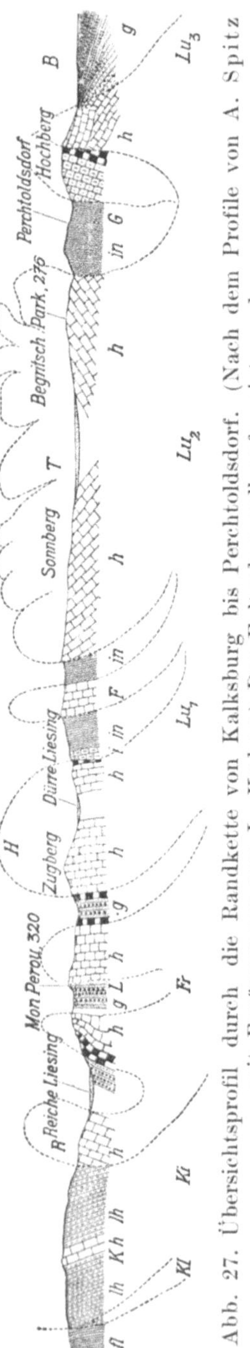

Abb. 27. Übersichtsprofil durch die Randkette von Kalksburg bis Perchtoldsdorf. (Nach dem Profile von A. Spitz mit Ergänzungen von L. Kober.) Der Faltenbau soll aufgezeigt werden

Fl = Flyschzone. *Kl* = Klippenzone. *Ki* = Kieselkalkzone. *Fr* = Frankenfelser Decke. *Lu* = Lunzer Decke, deren Unterteilungen Lu_1, Lu_2 und Lu_3. Nach Spitz bedeuten: *K* = Kieselkalkzone. *R* = Randantikline. *L* = Liesingmulde. *H* = Höllensteinantikline. *F* = Flösselmulde. *T* = Teufelsstein-antiklinale. *B* = Brühler Gosau. *h* = Hauptdolomit. *lh* = Kieselkalke. *Schwarz-weiß* = Rhät. *i* = Jura. *in* = Jura-Neokom. *G* = Gosau

vollständiger wird und von da an bis an die Enns eine deutlich erkennbare Zone bildet, die ihren sichtbarsten Ausdruck findet in dem merkwürdigen Auftreten von Granit bei dem L. v. Buch-Denkmal (nord von Weyer) und in der Entwicklung des tieferen Jura in der Form der Grestener Schichten.

Über die Klippen im Flysch unseres Gebietes kann im folgenden Abschnitte über die Sandsteinzone noch einiges gesagt werden.

Ich lasse nun ein Profil folgen, das von Spitz stammt und von mir mit einigen Ergänzungen versehen und verbessert worden ist. Es vermittelt einen guten Einblick in den Aufbau der Randkette im Gebiete von Kalksburg gegen Perchtoldsdorf.

Querstörungen sind in den Kalkalpen von den älteren Geologen schon erkannt worden. Freilich sind nicht alle diese Querstörungen wirkliche Querstörungen in dem Sinne, daß eine Scholle quer vorgeschoben wird. So ist die Querstörung des Eisernen-Torgebietes keine Querstörung im Sinne Bittners. Sie ist aber eine Querstörung im Sinne einer queren (transversalen) Aufwölbung.

Echte Querstörungen zeigen sich in den Kalkalpen in dem Vortreten der Dachsteinkalkzüge um Weidmannsfeld. Kleinere Querstörungen kann man überall beobachten. Querstörungen sind in unserem Gebiete schon deshalb häufig, weil hier das Umschwenken der Kalkalpen aus der alpinen in die karpathische Richtung stattfindet. Damit ist ein stärkeres Vordringen der Kalkalpen in nordwestlicher Richtung Regel. Wo sich die beiden Richtungen verschneiden, sind Querstörungen am ehesten möglich.

Die Überquellung des Eisernen Torgebietes nach Westen ist eine Querstörung größeren Stiles im Raume des Umschwenkens der Kalkalpen in die karpathische Richtung.

Exkursionen. Wir wollen zuerst die **Klippen von St. Veit** kennen lernen. Sie sind recht typisch entwickelt, sowohl morphologisch, als auch tektonisch. Sie bilden den kleinen Höhenzug des Roten Berges bei St. Veit.

Wir besuchen zuerst den Roten Berg, finden die roten Hornsteinschichten des Tithon anstehend. Wir müssen auch auf die groben Quarzgerölle achten, die sich auf der Höhe des Rückens finden.

Abb. 28. Der Klippenzug des Roten Berges von St. Veit mit dem Dogger Aufschluß oberhalb der Häusergruppe (im Vordergrunde links). Rechts der Rote Berg (L. Kober)

Diese Schotter sind Zeugen, daß hier einmal eine weite Quarzschotterdecke vorhanden war, die heute noch in der Quarzschotterplatte des Küniglberges recht eindrucksvoll in der Landschaft hervortritt. Es ist die gleiche Quarzschotterplatte, die den Laaerberg krönt. Wir finden hier also noch Reste des mittelpliozänen Laaerbergschotters. Wir überschauen die Landschaft und setzen unsere Wanderung, dem Höhenzuge den Klippen folgend fort, kommen zur Einsiedelei, gehen dann links zum Steinbruche hinunter. Hier stehen Juraschichten an. Aber es ist nicht die alpine Fazies des Jura. Die tonigen und mergeligen Schichten gehören dem Dogger zu. Sie fallen alpenwärts.

Wir gehen weiter gegen die Tiergartenmauer hinauf und finden grobe Konglomerate, die vielleicht der Oberkreide angehören. Es wäre die „Klippenhülle“ der Klippen, eine Art Gosau, die auf den Klippen transgredierte.

Wir können von der Höhe die Landschaft sehr hübsch überschauen, sehen vor uns in den Klippen das Ende der Kalkalpen. Wir können daran denken, daß wir hier einen Bauplan finden, der in den Karpathen, im Waagtale bei Bečko mit den gleichen Charakteren wieder einsetzt

Abb. 29. Die pliozäne Quarzschotterterrasse des Küniglberges von Lainz gesehen. Rechts der Laaerberg (überzeichnet) (L. Kober)

und von dort über die Arva-, die Pieninenklippen weit in die Karpathen hinein zu verfolgen ist.

Vor uns aber tauchen die niederen Klippenwellen in das Wiener Becken hinab. Rechts sehen wir die breite Quarzschotterplatte Küniglberg — Laaerberg, links das terrassierte Gelände der Sandsteinzone des Wienerwaldes.

Die Klippenzone ist auch im Tiergarten gut aufgeschlossen.

Exkursion in das Liesingtal. Wir wollen die Klippen von der Schießstätte bei Mauer kennen lernen und die Randkette des Liesingtales im Raume Kalksburg bis Rodaun.

Wir gehen von Mauer gerade zur „Schießstätte" hinauf. Am Waldrande finden wir noch tertiäre (miozäne, pliozäne ?) Konglomerate, die eine weite Brandungsplatte überstreuen. Wir sehen diese große Abrasionsterrasse auf unserem Bilde. Den Wald hinein finden wir vielfach Sandsteine (Schotter), die tertiär vertragen sind.

Von der „Schießstätte" wenden wir uns links zum Steinbruche, in dem die Klippen aufgeschlossen sind. Rote und grauweiße Tithon-Neokommergel fallen gegen den Flysch, den wir mit gleichem nördlichen Einfallen in den Aufschlüssen (Gräben) etwas weiter nördlich der Schießstätte finden. Das beigegebene Profil veranschaulicht die Verhältnisse.

Wir finden hier nicht die normale Tektonik der Flysch-Kalkalpengrenze. Wir sehen vielmehr, daß die Kalkalpen unter den Flysch einfallen, während doch Regel ist, daß die Kalkalpen den Flysch überschieben, ihm also aufliegen. So sind diese Erscheinungen sekundärer Natur und hängen mit einer Anpressung der Kalkalpen an den Flysch oder mit dem Rückbeugen des Alpenrandes in das Wiener Becken zusammen. Dieses Phänomen können wir vom Leopoldsberg bis zur „Rückfalte" der Hohen Wand verfolgen.

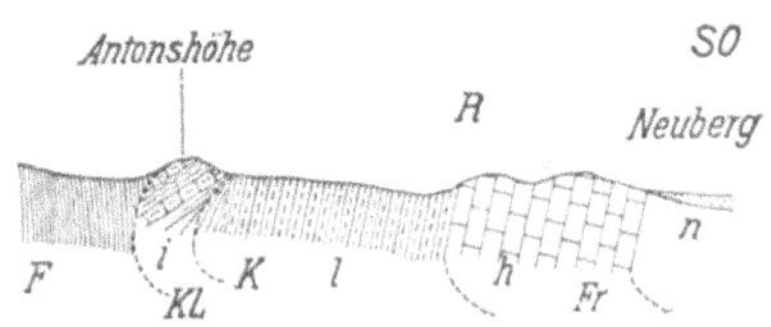

Abb. 30. Profil der Klippe Antonshöhe (Nach Spitz)

F = Flysch. *Kl* = Klippe. *K* = Kieselkalkzone. *Fr* = Frankenfelser Zone. *i* = Jura. *l* = Kieselkalke des Lias. *h* = Hauptdolomit. *n* = Jungtertiär

Von der Höhe des Steinbruches haben wir einen sehr hübschen Überblick über die Landschaft. Wir sehen zur Linken den Höllensteinzug, rechts das weiche Gelände des Flysches. Morphologisch interessant ist, daß eine weite Verebnungsfläche über das „Gebirge" hinweggeht und daß die Grenze von Kalkalpen und Flysch für den Kenner doch deutlich hervortritt. Mit Beginn der Kalkalpen werden die Formen schärfer. Markanter treten sie im eigentlichen Höllensteinzug (zur Linken) hervor, der sich mit steilerer Front über dem jungen, relativ tief eingeschnittenen Liesingtal erhebt.

Wir setzen nun unsere Wanderung fort und gehen von nun an immer in der Richtung auf Kalksburg, um die Randkette kennen zu lernen. Wir verqueren bis Rodaun, nachdem wir die Flysch-, die Klippenzone gesehen haben, der Reihe nach: die Kieselkalkzone, die Frankenfelser und endlich die Lunzer Decke, also alle Elemente der Randkette.

Die nächste Zone, die wir treffen, ist die Kieselkalkzone. Man findet kieselige Kalke, Sandsteine. Doch muß man in dem schlechtaufgeschlossenen Waldgebiet sehr achtgeben, Anstehendes zu finden. Das ist auf dem schmalen Waldwege der Fall, der von der Klippe ziemlich gerade (ohne Markierung) in das Tal des Güterbaches hinunterführt.

Wir gehen nun die Straße talaus und treffen links im Gehänge Aufschlüsse. Es ist Hauptdolomit mit roten Einlagerungen. Das Gestein ist arg zertrümmert, zeigt vielfach die Hauptdolomite in Rauhwacken verwandelt. Man sieht steiles Fallen, faltenartige Wellen, dann mehr südliches Einfallen.

Mit diesem Aufschlusse stehen wir bereits in der Frankenfelser Zone, die mit Hauptdolomit und Rhät ansetzt, in Kalksburg dann flachgelagerten Hauptdolomit bringt. Dieser ist in dem Steinbruch an der Straße gut aufgeschlossen.

Wir setzen unseren Weg über die Wiese rechts vom Jesuitenkloster in das Liesingtal fort, kommen beim Aufstieg in rote Mergelschiefer, die nach Spitz Jura sein sollen. Man könnte auch an Oberkreide denken. Höher hinauf treffen wir Rhät, dann vor und längs der Mauer die groben Sandsteine der Gosau.

Abb. 31. Blick vom Wege auf den Bierhäuselberg gegen Wien. In der Tiefe des Tales Kalksburg (L. Kober)

H = Hauptdolomit der Frankenfelser Decke. *K* Klippe bei der „Schießstätte". *G* = Gosau. *M* = Leithakalkkonglomerat. Man beachte die große pliozäne Abrasion, die auch über die Leithakalke hinweggeht. Im Hintergrund die Küniglterrasse

An der blauen Markierung stehen wir bereits wieder im Hauptdolomit, der das Liesingtal nördlich begrenzt. Wir kommen damit in die neue Einheit der Lunzer Decke. Die Gosaumulde des Jesuitenklosters bildet die Grenze. Wir müssen uns denken, daß diese Gosaumulde tiefer unter den Hauptdolomit hinabgreift, daß dieser weithin von Süden her aufgeschoben ist. Damit beginnt eben die Lunzer Decke.

Wir finden den Hauptdolomit gut aufgeschlossen, wenn wir auf dem Wege (talab) in das Liesingtal steigen. Diesem Hauptdolomit gehört auch die „Kletterschule" am Ausgange des Liesingtales an. Man sieht da große Platten von Hauptdolomit südlich fallen.

Auf der Südseite des Liesingtales ist ein großer Steinbruch im Grenzgebiet von Hauptdolomit zum Rhät angelegt. Die Schichten fallen gegen Süden, sind kalkig, dolomitisch, haben vielfach grünes toniges Material. Dachsteinkalk fehlt. Wir kommen, wenn wir der Bahn talaus folgen, in fossilführende Rhätmergel und weiter dann an der großen Straße auf den Höllenstein in den Jura und das Neokom.

Diese Schichten sind nun an der Straße neben dem Häuschen aufgeschlossen. Die kleinen Schutthalden liefern in den grauen grünen und roten Aptychenschiefern Reste von Belemniten. Allenthalben sind gut erhaltene Aptychen zu finden. Der Aufschluß ist recht instruktiv und zeigt rote Doggerkalke, dann die Tithon-Neokom-Aptychenschiefer.

Diese Serie wird an einer scharfen Überschiebungslinie vom Hauptdolomit überlagert, der dann südlich bis Perchtoldsdorf, bis zur Gosau der Brühl alle Höhen bildet.

Exkursion in die Brühl und auf den Anninger. Wir wollen nun die Gosau der Lunzer Decke und den Aufbau der Ötscher Decke im Anninger kennen lernen. Wir gehen von der Endstation der Elektrischen in den

Abb. 32. Blick von der Muschelkalkklippe des Hundskogels auf den Anninger (Original)

M = Reiflinger Kalk. L = Lunzer Sandstein. Darüber H = Hauptdolomit. D = Dachsteinkalk

großen Steinbruch des Hundskogels. Hier finden wir Muschelkalk als Klippe in der Gosau liegen. Das Gestein ist arg zertrümmert, große Quetschzonen und Harnischflächen lassen sich erkennen. Hinter dem Steinbruche finden wir ein kleines Tälchen. Da ist die Gosau aufgeschlossen und zeigt uns die Gosaumergel und -sandsteine unter die Klippen fallend. Die Klippe ist hier zweifellos der Gosau aufgeschoben; die Ötscher Decke liegt hier mit diesen Muschelkalkklippen auf der Gosau der Lunzer Decke.

Von der Warte mit dem weißen Kreuze überschauen wir die Landschaft. Vor uns der wuchtige Aufbau des Anningers, die Ötscher Decke das normale Profil der Ötscher Trias zeigend. Unten der Werfener Schiefer, dann Gutensteiner, Reiflinger Kalk, darüber Aonschiefer, Lunzer Sandstein, Opponitzer Kalk, Hauptdolomit. Darüber Dachsteinkalk mit kalkigem Jura.

Ost- und westwärts sehen wir die mannigfachen Muschelkalkklippen der Brühl, vom Rauchkogel bis zur Weißenbacher Klippe aufgeschlossen. Gegen Weißenbach zu kommen wir auf grobe Gosaukonglomerate. In dem großen Steinbruche sehen wir senkrechtstehende Gutensteiner Kalke, dann auf dem Wege (Weißenbach bis Höldrichsmühle) den roten Werfener Schiefer.

Abb. 33. Blick vom Hocheck gegen die Hohe Wand *HW* (Original)
V = Vorderer Mandling. *H* = Hoher Mandling. *K* = Kressenberg. *R* = Rosenkogel. *P* = Tertiär des Piestingtales. Im Vordergrunde die breite Welle des Geyereck *G*. Die Hochwaldwiese *W*. In der Taltiefe die Straße Furth—Muckendorf. Auf dieser pliozänen Landschaft liegen bei Pernitz pliozäne Schotter

Wir wenden uns nunmehr dem Anningerfuße zu, machen einen Abstecher in die Reiflinger Kalke, den Lunzer Sandstein, die in den Steinbrüchen aufgeschlossen sind und gehen dann durch das Kiental auf den Anninger.

Wir sind jetzt mitten in der Ötscher Decke. Die einzelnen Schichtglieder sind hier viel mächtiger. Die Schichtfolge ist reicher, kalkiger. Das sehen wir an der Entwicklung des Muschelkalkes, des Dachsteinkalkes, der der Lunzer Decke der Randkette fast gänzlich fehlt.

Wir gehen nach der gelben Marke durch den Hauptdolomit hinauf zum Eschenbrunnen, treffen hier auf fossilführende Rhätmergel (Korallen, Brachiopoden). Der Horizont ist wasserführend (Eschenbrunnen!).

Höher oben finden wir neben der roten Marke (Kerschbaumer) weiße Crinoidenkalke. Beide Anningerwarten stehen auf Dachsteinkalk. Gegen die Einöde zu kommen wir wieder in Hauptdolomit, kurz vor der

Einöde selbst in Dachsteinkalk. Darauf in die Gosauschichten der Einöde. Hier stehen Gosaukalke, Tone und Konglomerate an. Fossilien, wie Korallen, Hippuriten, Aktäonellen sind häufig zu finden. Auffallend sind die exotischen Gerölle der Quarzporphyre, deren Herkunft früher recht konfus erklärt wurde. Man hat sie sogar mit der Thermenlinie in Verbindung gebracht. Es sind Gerölle der Quarzporphyrdecken der Grauwackenzone. Ich konnte vor Jahren schon die gleichen frischen Gesteine von der Rax, von der Veitsch nachweisen. So sind diese Gerölle für uns nicht mehr so „exotisch".

Abb. 34. Blick vom Hocheck gegen Osten

Rechts ist die Muschelkalkmasse des Eisernen Tores (Ötscher Decke). Darunter *F* das Fenster des Schwechattales und des Zobelhofes. Davor der Wettersteinkalk des Peilsteinzuges. Im Hintergrund der Anninger *A*. Der Höllensteinzug *H*. *G* = ist die Gosauregion von Alland—Nöslach. *M* = sind die Muschelkalkklippen, die auf der Gosau *G* schwimmen? Dann stammen von der Ötscher Decke des Eisernen Tores und sind von der Muschelkalkmasse der Hauptkette durch spätere Erosion getrennt worden. Dann wäre die südliche Gosau ein Fenster. Die nördliche liegt normal auf der Randkette, die bei Altenmarkt aus Hauptdolomit und Jura *H* besteht und recht schmal ist (Original)

Interessant ist auch das Einödtal, da es heute trocken ist. Durch die junge pliozäne oder altquartäre Hebung des Beckenrandes hat das Tal seinen Wasserlauf verloren. Er fand durch die Brühl einen tiefer liegenden Ausgang. Auch die jüngst erschlossenen Höhlen sind von Interesse. Sie stammen aus der Pliozänzeit. Weiter auf der roten Markierung gegen Baden zu, kommen wir auf die große pliozäne (V—IV) Terrasse des Rudolfshofes und in das Hauptdolomitgebiet von Baden.

Ich nehme hier noch zwei Bilder auf, die uns einen Einblick geben in die Kalkalpenlandschaft, wie man sie vom **Hocheck** aus sieht. Und zwar gibt Abb. 33 die Landschaft von Furth gegen die Hohe Wand zu wieder. Man sieht hier weite junge Verebnungslandschaften.

In Abb. 34 sehen wir gegen Osten auf die Randkette und die Aufschiebungsregion der Hauptkette.

6. Die Sandsteinzone

Allgemeines. Überschreiten wir die Kalkzone gegen Norden, so kommen wir in die Sandstein- oder die Flyschzone. Eine neue Welt liegt vor uns. Überall finden wir nur Sandsteine, Schiefer oder konglomeratische Gesteine, nirgends mehr Kalke. Auch die Ammoniten-, Brachiopoden-, Bivalvenfaunen der Kalkalpen fehlen. Fast fossilleer sind die Flyschgesteine. Auch das Alter der Schichten ist ein anderes. Die Gesteine sind allgemein jünger, entstanden in einem jüngeren und neueren, ganz anders gearteten Meeresgebiet, dem Flyschmeere, das nach dem Kalkalpenmeer in der Kreide- und Alttertiärzeit sich ausdehnte, als ein Randmeer gegen das Vorland zu gelegen.

Es müssen gewaltige Veränderungen gewesen sein, welche das Bild der alpinen Geosynklinale so umgestaltet haben, daß das Kalkalpenmeer mit allen seinen Erscheinungen, seinen Gesteinen, seinen Faunen verschwand und sich das Flyschmeer bildete, im Raume zwischen dem Vorlande, der böhmischen Masse und dem karpathischen Gebirge des Wechsel-Semmeringgebietes.

Weder im Vorlande gibt es Flysch noch auch in der Kalkalpenzone. Auch im Wechselgebiet fehlt er. In den Kalkalpen herrscht die Fazies der Gosau, die in der Randkette flyschartig wird und so einen Übergang in den Flysch anzeigt.

Wie sollen wir uns die **Landschaft in der „Flyschzeit“** vorstellen?

Wenn es richtig ist, daß die ostalpine Decke die penninische Zone in der Zeit der Gosaugebirgsbildung überschritten hat, dann werden wir annehmen müssen, daß die Kalkalpen weit nach Norden vorgeschoben worden sind. Der Übergang der Gosau in den Flysch sagt, daß die Kalkalpen die Flyschzone im Süden begrenzt haben müssen. Nun fehlt im Wechselgebiet, das ja als autochthon angesehen wird, jeder Flysch. Wir haben aus allen diesen Verhältnissen anzunehmen, daß die Kalkalpen in der Oberkreidezeit die Wechsel-Semmeringzone bereits überdeckt haben. Der Wechsel wäre demnach in der Oberkreidezeit von den Kalkalpen schon überschoben gewesen. Erst spätere Bewegungen haben die Kalkalpen in ihre heutige Lage gebracht.

So dehnte sich in dem Raume vom Kalkalpenstrande bis an die böhmische Masse die Flyschsee aus. Wir müssen zugleich denken, daß das Ablagerungsgebiet des Flysches breiter war als heute die Flyschzone ist. Ist doch die Flyschzone durch die miozäne Gebirgsbildung zusammengestaut und auf die Molasse aufgeschoben worden.

Das Material des Flysches kam zum Teil von der böhmischen Masse, zum Teil von den Alpen her. Und zwar stammen die vielen Sandsteinmassen mit ihrem reichlichen Gehalt an Quarzen aus kristallinen Gebieten. Dazu kam noch feineres toniges Material. Zu gewissen Zeiten wurden von Kalkalpenplateaus auch rote Verwitterungserden (Terra rossa) eingeschwemmt. Das Flyschmeer war vielfach ein seichtes Meer; darauf deuten die vielen Kriechspuren auf den Schichtplatten, die mannigfaltigen Gebilde, die auf den Oberflächen der Flyschgesteine sich finden und deren Erklärung die Forscher seit langem beschäftigt. Solche Gebilde sind die „Fukoiden", die „Helminthoideen" u. a. Flysch ist ein integrierender Bestandteil der Kettengebirge. Er entsteht immer nur zu ganz bestimmten Zeiten, in ganz bestimmten Zonen. Wir kennen den Flysch in den jungen Kettengebirgen. Aber auch aus den alten ist er bekannt. Flyschbildung setzt immer erst in der Zeit des werdenden Gebirges ein. Flysch ist ein echt alpines orogenes Sediment.

Abb. 35. Blick vom Höllenstein auf die Flyschzone in der Richtung zum Troppberg und den Tulbingerkogel (Aufnahme L. Kober)
Diese Höhen bilden die schärfere Linie des Hintergrundes, hinter dem noch das Tullnerfeld undeutlich sichtbar ist. Im Mittelgrunde die Ortschaften Breitenfurth und Laab am Walde. Im Vordergrunde der Höllensteinzug (Kalkalpen). Man sieht vor allem die Einebnung der Landschaft, die pliozänen Alters ist

In der „Flyschzeit" haben unsere alpinen Zonen ein ganz anderes Aussehen wie etwa in der Zeit des „Kalkalpenmeeres". In unserem Gebiete ist die alpine Geosynklinale in der Flyschzeit schon bedeutend enger geworden. Das penninische Gebiet ist aller Wahrscheinlichkeit nach nicht mehr vorhanden; es ist überschoben und zugedeckt. Die Kalkalpen liegen bereits weit im Norden. An die Stelle der alpinen Geosynklinale des Kalkalpenmeeres sind die „Gosau-Alpen" getreten. Nur ein Rest der alpinen Geosynklinale ist in unserem Gebiete vorhanden. Er bildet das südliche „Gosau-Meer" und das nördlicher gelegene Randmeer des Flysches.

Die heutige Flyschzone erscheint als ein einheitliches Band von Flyschgesteinen, das im Westen schmäler, im Osten breiter ist. Alle Schichten sind gefaltet und zeigen deutlich die große Überfaltung des Flysches gegen Norden. Der Flysch ist auf die Molasse aufgeschoben und ist seinerseits wieder von den Kalkalpen überschoben. So schaltet sich der Flysch als eine selbständige tektonische Zone zwischen die Molasse und die Kalkalpen.

Landschaftlich zeigt der Flysch nicht die Mannigfaltigkeit der Kalkzone. Die Flyschgesteine sind im allgemeinen weniger widerstandsfähig. So hat die Erosion leichteres Spiel.

Über die ganze Flyschzone geht eine weite Verebnungsfläche hinweg. Sie ist jung. Götzinger und Hassinger glauben, daß die (pliozäne) pontische See, im östlichen Teile wenigstens, über den Flysch noch hinweggegangen sei. So hätte diese pontische Transgression den Flysch

Abb. 36. Blick vom Höllenstein gegen den Schöpfl, der im Hintergrunde etwas markanter über die große Fastebene sich erhebt (Aufnahme von L. Kober)

weithin abradiert; demnach wäre diese über den Flysch hinweggehende Verebnungsfläche, in ihrer Anlage wenigstens, eine große Abrasionsfläche.

Wie die Bilder lehren, zeigt die Flyschzone in der Tat, vom Bisamberge bis zum Schöpfel weithin diese jungtertiäre Verebnungsfläche, die im Bisamberg 360 m hoch liegt, im Schöpfel gegen 1000 m ansteigt. Der Schöpfel ist zugleich auch der erste Berg, der sich über die große Flysch-Fastebene mit steileren Formen erhebt.

Flysch — gesprochen „Flisch" — ist ein schweizerisches Wort und bedeutet **„Fließen"**. Dieses Fließen des Flysches kann man oft im Gelände sehen und kommt auch auf dem Bilde gut zum Ausdruck. Man sieht im Flysch des Wienerwaldes immer und immer wieder, wie das Gelände rutscht, wie die Bäume dadurch aus ihrer aufrechten Wachstumslage kommen. Erst, wenn der Boden wieder gefestigt ist, kann der Baum seine normale Wachstumsrichtung wieder aufnehmen. Das Fließen des Flysches zeigt sich vielfach in dem Schiefstehen im untersten Stammteil der Bäume.

Der Flysch gibt dem Forscher vielerlei Probleme. Da sind die mannigfaltigen Fragen der Sedimentierung des Flysches, die Probleme des Aufbaues der Flyschzone. Dazu kommen in anderen Gebieten noch praktische Fragen von größter Bedeutung. Sind doch gerade die Außenzonen des Flysches Gebiete reichster Ölführung. So ist die „Flyschgeologie" ein umfassendes und schwieriges Arbeitsgebiet.

Man spricht seit langer Zeit von einem **„Flyschproblem“** und bezeichnete damit unsere geringe Erfahrung über Entstehung, Schichtfolge und Bau des Flysches. Lange Zeit schien dieses Flyschproblem fast unlösbar. Besonders störend ist der Mangel an Fossilien.

Mit der Zeit aber ist man durch fortgesetzte genaue Untersuchungen zu einer gewissen Kenntnis unserer Flyschzone gelangt und wir erkennen heute, daß der Flysch aus einer Reihe von Zonen besteht, die durch bestimmte geologische Charaktere gekennzeichnet sind.

Abb. 37. Fließen im Flysch des Wienerwaldes (Nach einer Aufnahme von G. Götzinger)

Wir können unseren Flysch in Teildecken zerlegen, wissen aber, daß diese mehr lokalen Charakters sind. Haben wir doch allen Grund anzunehmen, daß die Flyschzone im wesentlichen autochthon ist. Sie ist die erste alpine bodenständige Zone, die wir im Anschlusse an die westalpine Nomenklatur als die helvetische Zone (Decke) bezeichnen.

Die Sandsteinzone bei Wien ist einerseits die Fortsetzung der alpinen Flyschzone, die wir vom Rhein bis an die Donau verfolgen können. Anderseits aber geht die Wiener Sandsteinzone nord der Donau in die karpathische Sandsteinzone über. So bildet unser Flysch die Brücke zwischen dem ostalpinen und dem karpathischen Flysch. Das zeigt sich sowohl im Schichtaufbau als auch in der Tektonik. So treten nord der Donau im Flysch echte karpathische Schichtelemente auf. Auch die Tektonik der Flyschzone zeigt in ihrem Umschwenken in die karpathische Richtung ausgeprägte karpathische Merkmale.

Dieser **eigenartigen Stellung der Wiener Sandsteinzone** entspricht auch ihre **Gliederung**, indem nord der Donau noch eine Flyschzone vorhanden ist, die im Süden des Stromes fehlt. So legt sich dem Flysch bei Wien nord der Donau eine eigene Randzone (mit karpathischen Merkmalen) vor. (Zone I der Karte.) Den Flysch süd der Donau können wir in eine Außen- und eine Innenzone gliedern. (Zone II und III der Karte.) Zur letzteren kommen noch Teile der Klippenzone.

Eine ältere Zusammenfassung des Aufbaues unserer Flyschzone stammt von Paul. Später haben Toula und Schaffer weitere Beiträge geliefert. In jüngster Zeit haben insbesondere Jäger und Friedl den Flysch unseres Gebietes studiert. Friedl verdanken wir eine Auflösung der Flyschzone, der wir auch hier folgen. Für den Flysch nord der Donau hat Kohn schon vor Jahren eine tektonische Auflösung gebracht, die sehr befriedigend ist.

Daß der Flysch in sich keine Einheit ist, war lange klar. Uhlig hatte den karpathischen Flysch bereits um 1907 in Decken gegliedert. Er erkannte auch, daß die Flyschzone des Wienerwaldes gegliedert werden müsse, daß man in ihr, besonders in den Außenzonen, Elemente finden werde, wie sie der karpathische Flysch zeige.

1914 habe ich darauf hingewiesen, daß man unsere Flyschzone genetisch am besten in eine äußere und innere trennen könne. Dieses Prinzip hat sich auch als richtig herausgestellt; denn Friedl hat im Wienerwald, im Flysch selbst, zwei Decken unterschieden: die (äußere) Greifensteiner und die (innere) Wienerwald-Decke, eine Gliederung, die Uhlig schon 1907 angedeutet hatte, indem er die karpathische Sandsteinzone in eine beskidische (innere) und subbeskidische (äußere) gegliedert hatte.

Zu diesen beiden Hauptdecken des Flysches können wir noch die Waschbergzone als Randdecke, Randzone des Flysches anfügen. Diese Decke ist (bisher) nur nord der Donau, am Waschberg, bekannt. Sie ist auch im karpathischen Flysch vorhanden.

Innerhalb der Flyschregion liegt dann noch die Klippendecke, die vielleicht zum Teil ein Glied der helvetischen Zone ist, wie Trauth meint. Nach ihm sollen die Klippen mit den Grestener Schichten aus dem Süden der helvetischen Zone, aus dem ultrahelvetischen Gebiete stammen. Dieses Gebiet müßten wir uns unmittelbar nord der (karpathischen) Wechsel-Semmeringregion denken. Dort wäre die Heimat (Wurzel) der ultrahelvetischen Klippen. (H_3 der Übersichtsprofile.)

Sind die Klippen oder Teile davon aber ostalpin, dann stammen sie von den äußersten Kalkalpendecken ab, die zur Zeit des Flyschmeeres im Raume des Semmerings lagen. Für alle Fälle müssen die Klippen im Grenzgebiete des Flysch- und des Gosaumeeres gelegen haben. Das verlangen ihre Sedimente der Oberkreide. Für das tiefere Mesozoikum gelten andere Verhältnisse. Da kann in der Lage ein großer Unterschied sein, je nachdem eine Klippe ultrahelvetischen oder kalkalpinen Ursprungs ist.

Die innere Flyschzone

Wir betrachten nun kurz die südliche innere Flyschzone, die Wienerwalddecke, wie sie Friedl auch genannt hat. (III der Karte.)

Sie besteht aus Oberkreide und Alttertiär (Eozän) und läßt sich im östlichen Wienerwald deutlich abgrenzen. Sie wird auch im Schöpfelgebiet vorhanden sein; doch ist dort die Grenze gegen die Außenzone bisher nicht sicher erkannt.

Die Innendecke des Flysches liegt nord der Kalkalpenzone und süd einer Linie, die von Kritzendorf über Kierling, Hohenau, Hirschberg (469 m), Rußberg, Mauerbach bis Gablitz zu verfolgen ist.

Die Schichtfolge besteht aus den oberkretazischen Inoceramenschichten und dem eozänen Glaukonitsandstein. Die Inoceramenschichten sind Bildungen eines tieferen Wassers, führen relativ häufig Fossilien, so Inoceramenbruchstücke, Seeigelstacheln, Foraminiferen, Ammoniten (*Acanthoceras Mantelli*).

An der Grenze gegen das Eozän stellen sich rote Schiefer ein, die als Äquivalente der (senonen) Nierenthaler Schichten (der Gosaukreide) angesehen werden können.

Auch das Glaukoniteozän ist eine tiefere Bildung und zeigt im frischen Zustande infolge des Glaukonitgehaltes grünliche Färbung. Verwittern aber die Sandsteine — der Glaukonit wird dabei in

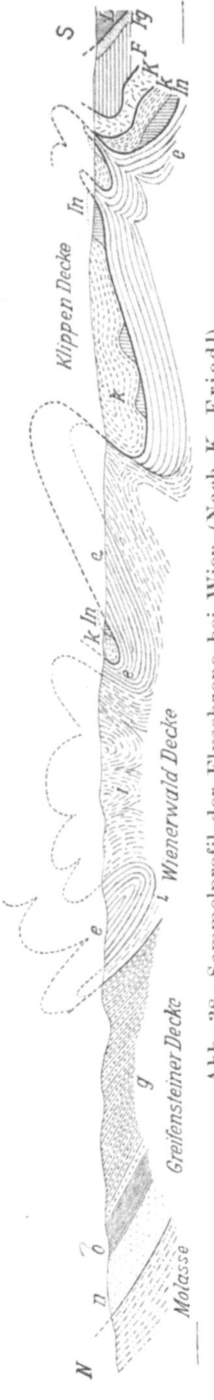

Abb. 38. Sammelprofil der Flyschzone bei Wien (Nach K. Friedl)

n = Neokom. *b* = Orbitoiden-Oberkreide. *g* = Greifensteiner Sandstein der Außenzone. Die Innenzone (Wienerwald-Decke) wird gebildet von: *i* = Inoceramen-Oberkreide. *e* = Glaukoniteozän. Die Klippendecke: *In* = Jura-Neokomklippen. *h* = Oberkreide (Klippenhülle). Damit beginnen die Kalkalpen, die gegliedert sind in: *K* = Kieselkalkzone. *F* = Frankenfelser Decke. *Fg* = Frankenfelser Gosau. *L* = Lunzer Decke. *N* = Nord. *S* = Süd

Limonit umgewandelt — so bekommen sie ein rostiges löcheriges Aussehen. Man kann dann auch leichter die Foraminiferen (Nummuliten) finden.

Die Innenzone zeigt in ihrer **Gesamttektonik,** wie Abb. 38 darstellt, zwei größere Antiklinalen von Oberkreide, die durch Eozänsynklinalen geschieden sind. Dabei sind die inneren Synklinalen nach Süden umgelegt. Diese „Südfaltung“ des Flysch, die Schaffer vom Leopoldsberg zuerst bekanntgemacht hat, ist ein sekundäres Phänomen der Flyschtektonik und hängt vielleicht mit der Rückfaltung der Kalkalpen, der Flyschzone in das Wiener Becken zusammen. Man könnte aber auch denken, daß die vordringenden Kalkalpen den Flysch zusammengestaut haben und dieser südwärts über die Kalkalpen überquillt.

Im Bereiche der zweiten und der dritten Synklinale liegen noch **die Klippen,** die, wie gesagt, aus Jura-Neokom und aus einer Klippenhülle von Seichtwasseroberkreide bestehen.

Die Außenzone

Die Außenzone des Flysches bildet die Greifensteiner Decke. Sie liegt zwischen der Kritzendorfer Linie und dem Alpenrand, der durch die Aufschiebung der Flyschzone auf die Molasse gegeben ist. Der Hauptbaustein der Außenzone ist der eozäne Greifensteiner Sandstein. Dazu kommt noch die Orbitoiden-Oberkreide und das Neokom in Flyschfazies.

Gegenüber der Innenzone, deren Sedimente in tieferem Wasser entstanden sind, führt die Außenzone Seichtwassersedimente. Dies ist ein recht beträchtlicher Unterschied im Schichtbau, der uns zur Annahme zwingt, daß die beiden Faziesgebiete ursprünglich weiter auseinander lagen. D. h., daß sie heute demnach in deckenförmiger Lagerung übereinander liegen.

Die Schichtfolge. Das Neokom findet sich nur am Außenrande. Sandsteine mit Aptychen gehören hieher. Die Mächtigkeit ist gering. Über dem Neokom liegt ohne Diskordanz die Orbitoiden-Oberkreide mit *Lepidorbitoides Paronai.*

Darüber folgt konkordant der mächtige Greifensteiner Sandstein mit *Nummulites Partschi*, *Nummulina Oosteri*, die ein mitteleozänes Alter (Lutétien) anzeigen. Ferner sind noch Tonschiefer bekannt, die Landpflanzenreste und fossile Harze enthalten.

Die Tektonik ist relativ einfach und zeigt eine Schichtplatte, die mit dem Neokom beginnt und mit dem Eozän endet und gegen Süden einfällt. Dabei ist die Greifensteiner Decke der Molasse aufgeschoben und wird selbst wieder von der Innendecke der Flyschzone regional überschoben.

Die Flyschzone des westlichen Gebietes ist bisher noch nicht so genau studiert wie die östliche. Sie scheint einfacher gebaut zu sein.

Die Randzone

Recht verschieden von den beiden Flyschzonen im Süden der Donau ist das äußerste Flyschgebiet, nord des Stromes, im Bereiche des Waschberg-Michelbergzuges. Wir treffen da auf eigenartige Phänomene. Erstens ist die Schichtfolge wieder vollständiger. Sie reicht vom Oberjura bis in das Oligozän, mit Lücken natürlich. Zweitens stellen sich Kalke ein. Drittens ist diese Zone wieder fossilreich. Weiters findet man in den jüngsten Schichten Granite, die man lange Zeit für anstehend hielt. Erst die jüngste Zeit hat gelehrt, daß es sich hier um Blöcke handelt, um das Phänomen der „exotischen Blöcke", das in den Alpen in gewissen Schichten jetzt allgemein bekannt geworden ist.

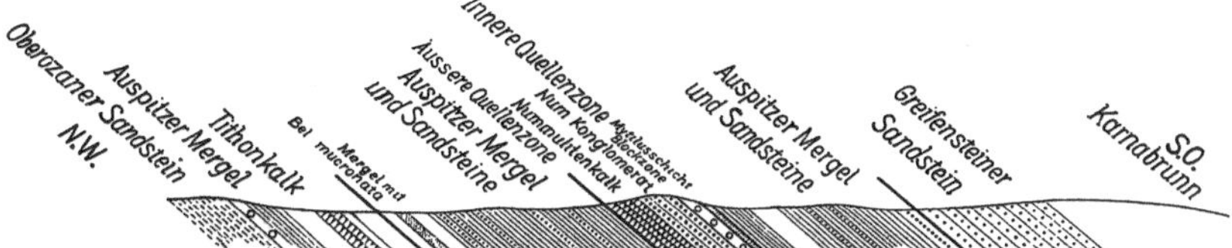

Abb. 39. Profil durch die Randzone des Flysches im Waschberggebiet (Nach V. Kohn)

So ist diese Randzone durch eine Reihe von Eigenschaften von dem Hauptflysche geschieden und es ist vollkommen gerechtfertigt, diese Zone als selbständige Region (Decke) abzugrenzen.

Die Schichtfolge ist vielfach außeralpin. So ist der tiefste Horizont des Oberjura in Stramberger Fazies entwickelt und enthält sogar Ammoniten des russischen Juragebietes (Virgatiten). Es ist der gleiche Oberjurakalk, der auch die Klippen von Leis, Nikolsburg zusammensetzt. Außeralpin ist auch die transgredierende Oberkreide mit *Belemnitella mucronata.* Nun kommt eine Lücke in der Schichtfolge. Erst das Mitteleozän ist wieder vorhanden, doch nicht in Flyschfazies, sondern in Form von fossilreichen Nummulitenkalken, die Korallen, Bivalven und Gastropoden führen. In diesem Horizont liegen auch die Granitblöcke und die Blöcke von Flyschgesteinen.

Obereozän sind die *Mytilus*-Schichten mit *Mytilus Levesquei.* Obereozän und jünger sind die Auspitzer Mergel und Steinitzer Sandsteine, die bis 600 m mächtig werden, Blattabdrücke und *Meletta*-Schuppen führen. Auch in diesen Horizonten, die vielleicht schon dem Unteroligozän angehören, finden sich exotische Blöcke.

Die Tektonik der Randzone zeigt nach Kohn drei Schuppen. Die erste ist der Molasse (dem Schlier) aufgeschoben und besteht aus obereozänen Sandsteinen und den Auspitzer Mergeln. Die zweite Schuppe beginnt mit dem Oberjurakalk und endet mit den Auspitzer Mergeln. Die dritte Schuppe setzt mit Nummulitenkalken ein und reicht gleichfalls bis in die Auspitzer Mergel. Dann kommen wir bereits in die Greifensteiner Sandsteine der Außenzone.

Abb. 40. Blick von Greifenstein auf die Randzone des Flysches (Aufnahme L. Kober)
Links der Waschbergzug, rechts Kreutzenstein. Im Vordergrunde die Donau, dahinter die Schlierregion am Fuße des Waschberges

Die Waschbergzone ist süd der Donau nicht bekannt. Man erklärt dies damit, daß sie hier von der Greifensteiner Decke ganz überschoben wäre. Diese trete erst nord der Donau etwas zurück. Dadurch käme die Randzone im Waschberg zutage. Nach Friedl wäre im Raume von Hatzenbach bis Leitzersdorf eine nordwest-südost laufende Querstörung anzunehmen, an der die Waschbergzone abgeschnitten würde.

Infolge dieser Erscheinungen ist die Waschbergzone eine interessante Flyschzone, die karpathische Merkmale (Steinitzer Sandsteine etc.) zeigt und die von Hauer, Sueß, Mayer-Eymar, Uhlig, Reuß, Abel, Rzehak, Kohn, Vetters, Götzinger und Friedl studiert worden ist.

Von besonderem Interesse waren auf dem Waschberge von jeher **die Granitblöcke.** Sueß nahm noch im „Antlitz der Erde" an, daß die „Granitkuppe" des Waschberges dem Vorlande angehöre; demnach sollte im Waschberge die böhmische Masse auftauchen. Kohn konnte zeigen, daß dies nicht der Fall sein könne, da der ganze Waschbergzug dem Schlier aufgeschoben sei. Die Granite des Waschberges sind demnach Blöcke, die sedimentiert wurden. Man kann sich vorstellen, daß eine Granitkuppenlandschaft vorhanden war, die vom eozänen Meere inundiert wurde. Die lose liegenden Granitblöcke („Wollsäcke") wurden später mit der Decke verfrachtet.

Abb. 41. Granitblöcke des Waschberges (Nach einer Aufnahme von G. Götzinger)

Diese Granite samt den Klippen von Leis gehören einer anderen Zone an als die Granitklippen des L. v. Buch-Denkmales und die Klippen der Flyschzone. Die ersteren liegen immer am Außenrande des Flysches und setzen so die **äußere Klippenzone** zusammen. Diese ist dementsprechend ganz anders im Schichtbestande, wie die **innere Klippenzone**, die sich an der Grenze von Flysch- und Kalkzone findet.

Die Flyschbildung reicht im Gebiete der Wiener Sandsteinzone von der Oberkreide bis in den Beginn des Oligozän. Dann trat eine große Veränderung ein. Die Flyschbildung hörte in unserem Gebiete auf. Es folgte dann die Molassesee, die Molassebildung. Diese große Veränderung ist jedenfalls auf eine **Gebirgsbildung** zurückzuführen, die **im Oligozän** stattgefunden hat.

Bei dieser Gebirgsbildung sind auch die Flyschdecken angelegt worden. Sie wurden durch die spätere miozäne Gebirgsbildung noch weiter entwickelt.

Exkursionen. Steinbrüche im Flysch gibt es in der **Nähe von Wien** genug, die alle die typischen Flyschcharaktere zeigen. Solche Aufschlüsse sind die Steinbrüche von Sievering, der Rohrerhütte u. a.

Abb. 42. Blick vom Leopoldsberg gegen den Bisamberg
Man sieht sehr schön die Einebnung der Flyschzone des Bisamberges. Auf dem Plateau liegen die Schotter. Rechts Grenze gegen das Miozän (Pötzleinsdorfer Sande). Links nördliches Einfallen der Flyschsandsteine (Nach L. Kober)

Abb. 43. Die Ostseite des Nußberg-Kahlenbergzuges
Ganz links die diluviale Heiligenstädter Terrasse. Dann die große pliozäne Terrasse des Nußberges, der der Klippendecke angehört und aus nordfallender Oberkreide besteht. Der Kahlenberg—Leopoldsberg besteht aus roten Eozänschiefern (an der Nase schön aufgeschlossen) und aus Inoceramen-Oberkreide, die nördlich einfällt und an der Straße in großen Aufschlüssen zutage kommt (L. Kober)

Sehr interessant ist auch das Profil des **Bisamberges.** Eine Exkursion dorthin gehört zu den lehrreichsten der Umgebung Wiens. Wir folgen von Strebersdorf nicht der roten Markierung zum Magdalenenhof, sondern biegen vorher rechts ab, in den Hohlweg, zu der Häuserzeile. Dort

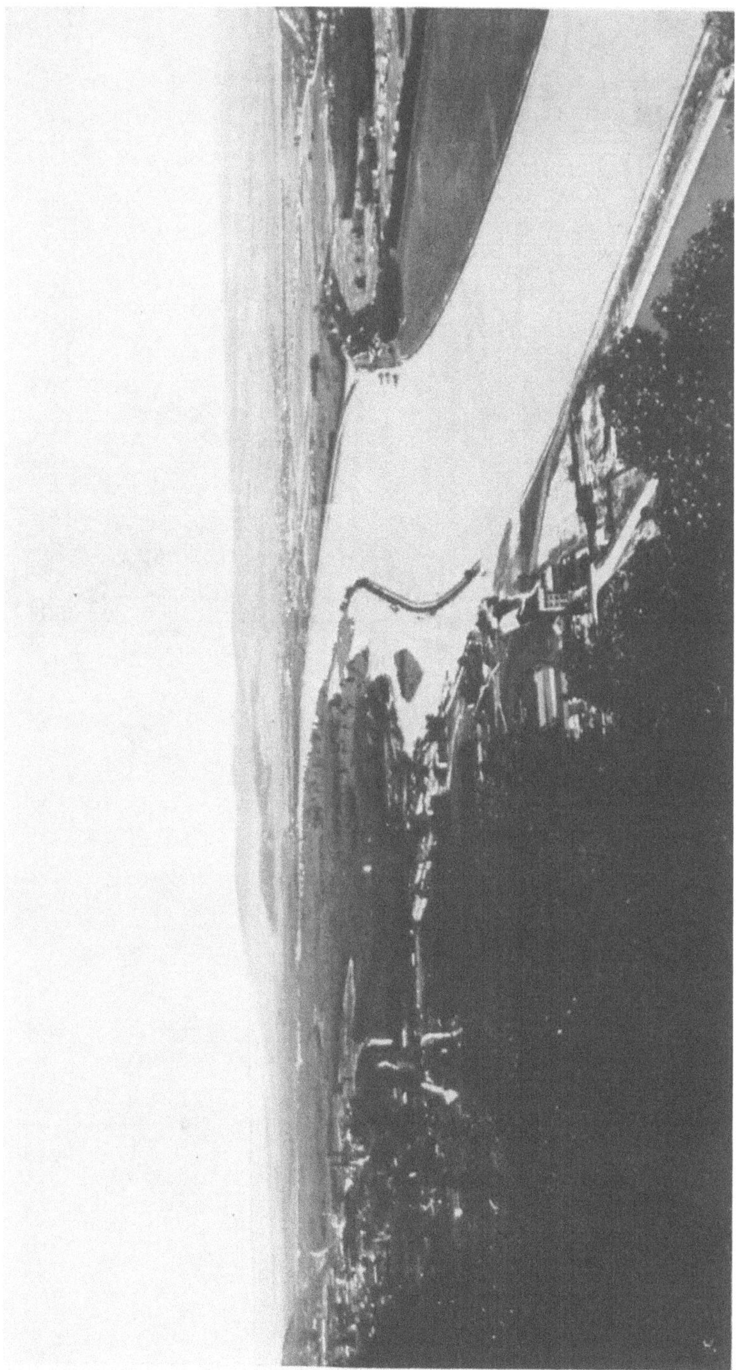

Abb. 44. Blick vom Leopoldsberg auf den Donaudurchbruch bei Wien (Wienerpforte)

Links im Hintergrund die Molasse. Dann folgt die Randzone des Flysches mit dem Waschbergzug. Hierauf folgt die Außenzone mit dem Greifensteinerzug von Kreutzenstein. Dann kommt das Becken von Korneuburg. Ganz rechts ist auch der Fuß des Bisamberges zu erkennen. Hier beginnt die 3. Flyschzone (Innenzone) (Nach Kober)

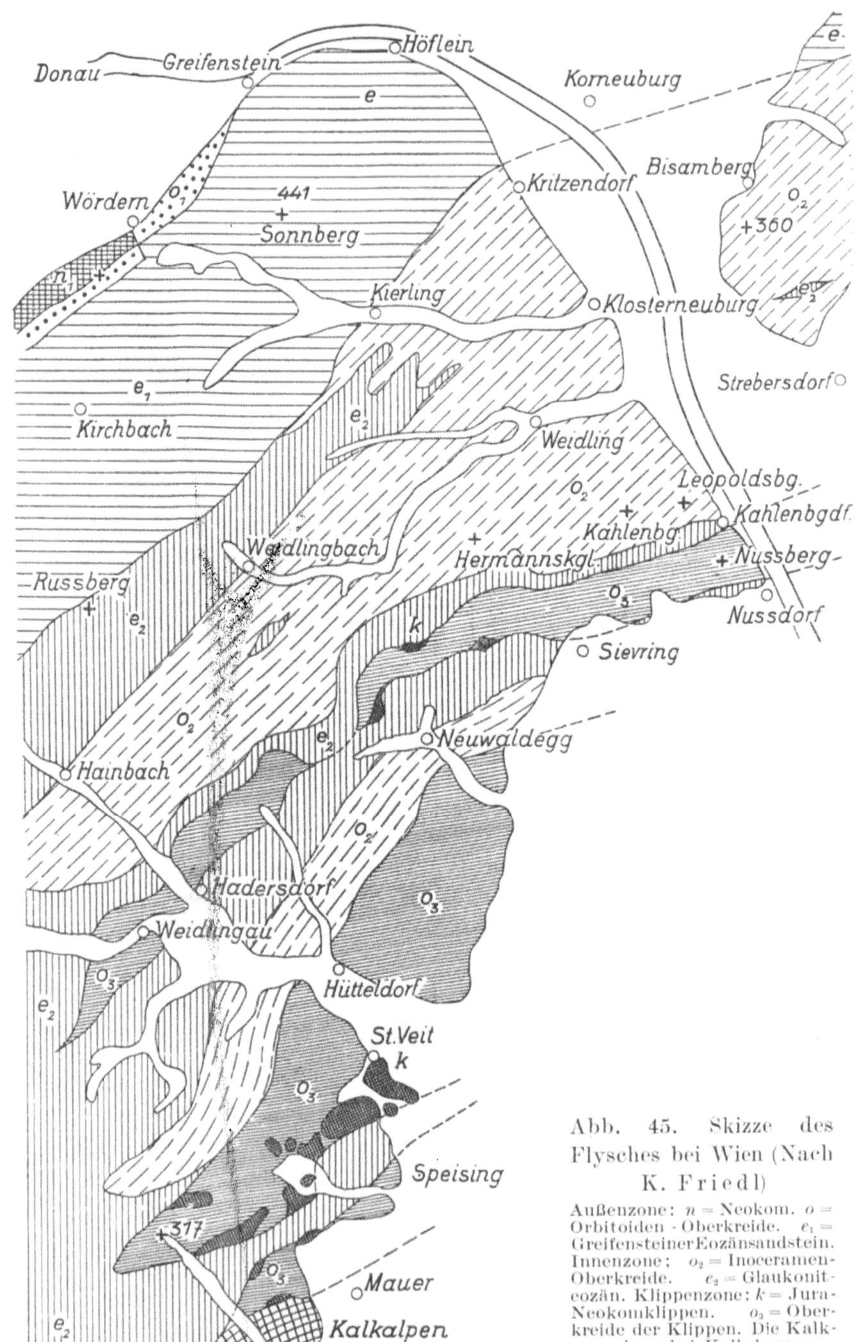

Abb. 45. Skizze des Flysches bei Wien (Nach K. Friedl)

Außenzone: n = Neokom. o = Orbitoiden-Oberkreide. e_1 = Greifensteiner Eozänsandstein. Innenzone; o_2 = Inoceramen-Oberkreide. e_2 = Glaukoniteozän. Klippenzone: k = Jura-Neokomklippen. o_3 = Oberkreide der Klippen. Die Kalkalpen bei Kalksburg finden wir — am Bilde (rechts) punktiert — fossilreiche Pötzleinsdorfer Sande mit Lucina, Conus u. a. Durch die Weingärten hinaufgehend kann man Schalen von mediterranen Austern finden. Über den Magdalenenhof kommen wir dann auf das Plateau. Auf dem Wege geben wir auf die großen Quarzgerölle acht, die wir später auf dem „Gipfel“ mit Kalkgeröllen anstehend finden. 200 m hoch über der heutigen Donau liegen hier Reste einer älteren Donau, die wahrscheinlich dem jüngsten Pliozän oder dem Altquartär angehört. Beim Abstieg gegen Langenzersdorf kommen wir auf dem Wege zur blauen Markierung zu den großen Steinbrüchen oberhalb des Ortes. Wir finden hier Flyschsandsteine, grobe, feine, mergelige Schichten, mit Fukoiden, Hieroglyphen und sehen die Schichten in ihrer Rückbeugung gegen das Wiener Becken gegen Norden fallen.

Sehr schöne Aufschlüsse des Flysches gibt es an der Straße **längs der Donau** bis Klosterneuburg oder bis Greifenstein. Vorstehende Abb. 43 gibt einen Einblick in den Aufbau der Flyschzone des Kahlenbergzuges.

Das Bild 44 gibt den Durchbruch der Donau durch die Flyschzone, vom Leopoldsberge gesehen. Wir erkennen im Norden die Molasseebene des Schlier, dann die Randzone des Flysches, des Waschberges. Dann folgt die Außenzone und der Greifensteiner Sandstein im Kreutzensteiner Zug. Tief eingebrochen liegt das Miozänbecken von Korneuburg. Hieran schließt sich im Süden die dritte Zone des Flysches, die Innenzone, die im Bisamberg vorhanden ist. So überschauen wir hier alle drei Flyschzonen. Das Interessante ist aber zugleich, daß hier der Flysch von Miozän bedeckt ist (im Becken von Korneuburg).

Wir geben nun eine Kartenskizze der Flyschzone unseres Gebietes, um diese kurzen Ausführungen über den Flysch des Wienerwaldes zu ergänzen. (Siehe auch Abb. 38.)

7. Das Molasseland

Allgemeines. Die große Gebirgsbildung der Oberkreide hat das Kalkalpenmeer zum Verschwinden gebracht. Eine neue große Revolution gegen Ende des Alttertiär bringt im Oligozän das Flyschmeer zum Erlöschen. Eine neue große Gebirgsbildung in dieser Zeit schafft neue Verhältnisse: das Molassemeer entsteht.

Ein Trog, eine Vortiefe, eine Saumtiefe bildet sich als Rest des großen Geosynklinalmeeres vor den Alpen, im Raume nord der helvetischen Zone und südlich des heutigen böhmischen Massivs. Das Meer wandert also aus dem Flyschgebiet nordwärts in das Molassegebiet, das natürlich breiter war als das Molasseland heute ist.

Das Molasseland ist die Ebene zwischen den Alpen und ihrem Vorlande. In unserem Gebiete ist die Grenze scharf. Sie ist einerseits durch den Überschiebungsrand des Flysches von Königstetten bis Neulengbach, anderseits durch das Erscheinen des Altkristallins der böhmischen Masse auf der Linie Krems, St. Pölten und Melk gegeben.

Aller Wahrscheinlichkeit nach sind es hauptsächlich die Bildungen des Miozän, die das außeralpine tertiäre Becken erfüllen. Zufolge dieser Sedimente pflegt man die außeralpine tertiäre Ebene (E. Sueß) mit der des inneralpinen Beckens, dem eigentlichen Wiener Becken, zu einer Einheit zu verbinden, für die die Gesamtbezeichnung „Wiener Becken" üblich ist.

Doch ist das außeralpine Tertiär seiner Geschichte nach verschieden von dem des inneralpinen Beckens. Es ist älter, enthält der Hauptsache nach (marine) Sedimente der ersten Mediterranstufe, während das Wiener Becken aus den Meeresbildungen der zweiten (der dritten) Mediterranstufe aufgebaut ist.

Auch ist die Molassezone eine alpine Zone in dem Sinne, daß sie noch in den Decken- und Überschiebungsbau der Alpen einbezogen wurde, was beim inneralpinen Becken nicht der Fall ist.

So rechtfertigt die geologische Geschichte des Molasselandes, dieses als eine eigene selbständige Zone zu betrachten, die mit dem inneralpinen Becken von Wien nicht unmittelbar zu einer Einheit, dem „Wiener Becken", vereinigt werden darf.

Die Molassezone unseres Gebietes ist nur ein Teil der Molassezone, die die Alpen und die Karpathen am Außensaume umgibt und aus groben Schuttmassen des werdenden Alpengebirges und aus feineren Sedimenten besteht.

Der Schichtumfang ist bei uns nicht recht erkannt, obwohl sich viele Geologen bisher mit der Molassezone unseres Gebietes beschäftigt haben, so Cžjžek, Hauer, Sueß, Stur, Paul, Bittner, Abel, Kober, Petraschek, Götzinger, Vetters u. a.

Man hat gewisse Schichten in das Eozän gestellt. Götzinger und Vetters, die derzeit mit der Aufnahme dieses Gebietes beschäftigt sind, glauben, daß die braunkohleführenden Schichten sogar eozänes Alter haben könnten.

Die alten Geologen haben vielfach die Schichten der Molasse für zweite Mediterranstufe, also für Äquivalente des Wiener Beckens gehalten. Auch heute noch ist die Frage des Alters des Schliers nicht geklärt, da im Wiener Becken, z. B. bei Neudorf an der Donau, typische Schlierfossilien im Verein mit der Fauna der zweiten Mediterranstufe gefunden worden sind. Derzeit wird angenommen, daß die Molasse unseres Gebietes der Hauptsache nach der ersten Mediterranstufe angehört.

Man kann in der Molassezone zwei Typen von Sedimenten unterscheiden: Landbildungen und marine Sedimente. Landbildungen sind die kohleführenden Schichten von Starzing, die Konglomeratmassen vom Buchberg bei Neulengbach. Marin sind die Sande von Melk und der Schlier; desgleichen auch der in geringer Verbreitung vorkommende Tegel von Pielach. Die Oncophoraschichten sind die brakischen Sedimente des ersterbenden Molassemeeres.

Die Verteilung der Sedimente ist derartig, daß die Landbildungen sich hauptsächlich (heute) am Alpenrande finden. Hier treffen wir also auf die „Blockschichten", die kohleführenden Horizonte, die groben Schotter des Buchberges. Auch die Melker Sande finden sich nahe dem Alpenrande.

Nähern wir uns der böhmischen Masse, so finden sich ähnliche Sedimente. Es kann aber auch der Schlier direkt auf dem Grundgebirge liegen.

Das Wesentliche ist, daß der Schlier und auf ihm die Oncophorasande die Beckenmitte erfüllen. Der Schlier erreicht hier große Mächtigkeit und kann 1000 und mehr Meter mächtig werden. Bohrungen im Tullnerfeld haben bei 700 m Tiefe den Schlier nicht durchfahren und in Oberösterreich haben Bohrungen Schliermächtigkeiten von 1200 m ergeben.

Die jüngsten Bildungen des Molasselandes sind Schottermassen, die mit der Entstehung der Donau zusammenhängen und dem Ende des Tertiär (Pliozän) und dem Quartär (Diluvium) angehören.

Um die verschiedenartigen Bildungen der „Molassezeit" zu erklären, werden wir uns das folgende, **allgemeine geologische Bild** dieser Zeit denken können.

Die Gebirgsbildung des (Mittel-) Oligozän hat die Kalkalpen vom Wechselgebiet weg weiter nach Norden getragen. Die Kalkalpen haben den Flysch bereits bis zu einem gewissen Grade überschoben. Die Kalkalpen werden erodiert und schicken groben Schutt über die Flyschzone in das Molassemeer. So entstehen die groben Delta-Schuttkegel des Buchbergkonglomerates. Diese werden immer weiter in die Molassesee hineingebaut.

Dies alles mag sich im unteren Miozän (im Aquitan, im Burdigal?) abgespielt haben. Diese Alpenlandschaft war aber nicht totes ödes Hochgebirge, sondern mehr ein Mittelgebirge oder ein Hügelland, wenngleich es auch größere Erhebungen gegeben haben mag. Allgemein wird angenommen, daß diese altmiozäne Alpenlandschaft weithin verebnet war und daß die heutigen Hochflächen der Rax, des Wechsels, der Alpen überhaupt, aus dieser Zeit stammen. Vacek, Geyer haben diese „alten" Flächen aus dem Salzkammergut frühzeitig (1905) schon beschrieben; später (1907) hat insbesonders Götzinger ihre Bedeutung in unserem Gebiete gewürdigt. In dieser offenen Alpenlandschaft gab es in subtropischem Klima reiche Vegetation, ein reiches Tierleben. Man nimmt an, daß die kohleführenden inneralpinen Süßwasserschichten (von Leoben, Pitten etc.) aus dieser Zeit stammen. Diesem Horizonte könnten demnach auch die Kohlen der Außenzone der Alpen (bei Neulengbach) angehören (Sotzka-Schichten von D. Stur). Wenn das der Fall wäre, dann käme diesen Schichten ein altmiozänes Alter zu. Petraschek meint, daß alle diese Schichten dem tiefsten Altmiozän, dem Aquitan, zuzuteilen wären, da sie in Steiermark unter dem Schlier liegen. Nach Vetters wären aber diese Bildungen älter (vielleicht unteroligozän).

Weiter nordwärts der Alpen ragte das Vorland in Buckeln und Rücken auf. Der Granit der böhmischen Masse kam zutage und verwitterte. So entstanden, vielleicht unter dem moorigen Boden dieses „komagenischen Rückens“ (Vetters) die weißen (ausgebleichten) Melker Sande, die sich mit den Buchbergkonglomeraten verzahnen. Sie mögen dem Aquitan angehören. Noch weiter nördlich dehnte sich bereits Meeresgebiet, das früher schon den Tegel von Pielach zur Ablagerung brachte und später, im Burdigal, den Schlier.

An der Wende der ersten und zweiten Mediterranstufe mag dann jene große Umwälzung sich vollzogen haben, die wieder ganz neue Verhältnisse brachte. Das Molassemeer erlitt das Schicksal seiner Vorgänger. Es wurde vertrieben, da die Alpen weiter nordwärts wanderten. Dabei wurden die Molassesedimente überfahren und überschoben.

Fossilien sind aus unserer Molassezone wenig bekannt. Die kohleführenden Schichten von Starzing haben eine nicht recht bestimmbare Fauna geliefert, in der das Vorkommen von *Voluta calva* und anderen Fossilien nach Vetters auf oligozänes Alter dieser Schichten deuten würde. Das Buchbergkonglomerat ist fossilleer. Der Schlier führt als Leitfossilien: *Brissopsis ottnangensis* (Seeigel), *Pecten denudatus*. Die Oncophoraschichten enthalten: *Oncophora socialis*, ferner *Congerien*, *Melanopsiden*, *Cardien* u. a.

Die Tektonik des Molasselandes zeigt insbesondere am Alpenrande große Störungen. Cžjžek kannte schon die gestörten Buchbergkonglomerate. Hauer verglich diese Schichten mit den gefalteten Molasseschichten der Schweiz und hielt die Buchbergschichten für Äquivalente der Leithakalkkonglomerate. Tatsächlich sehen sich die beiden Bildungen recht ähnlich. Später studierte Abel das Molassevorland und fand die Falten- und Schuppenstruktur der Blockzone.

Ich habe im Jahre 1912 die Molassezone der Schweiz am Walensee gesehen und kam kurze Zeit darauf auf den Buchberg und war aufs höchste erstaunt, hier die Verhältnisse der Schweizer Molasse in einem kleineren Maßstabe wieder zu finden. Damals wurde mir vollständig klar, daß die Alpen über die Molasse hinwegträten. Weithofer hat das kurz darauf bestritten. Petraschek fand später, daß in der Tat eine regionale Störung Alpen und Molasse scheide und heute ist es uns mit Vetters und Götzinger selbstverständlich, daß die Molasse von den Alpen überfahren wird.

Dies zeigen auch die Profile, die Vetters und Götzinger in der letzten Zeit von Neulengbach und von Königstetten bekannt gemacht haben. Bei Neulengbach zeigt die Grenze von Flysch und Molasse eine Schuppenlandschaft von Flysch, Konglomerat, Melker Sand und Schlier.

Bei Königstetten sehen wir die Molassezonen mit groben Granitgeschieben in einem Halbfenster unter den Flysch einfallen, der dort mit seinem kalkigen Neokom stark von den mürben Molassesandsteinen absticht.

Die Faltung nimmt vom Alpenrande gegen die Molassemitte rasch ab. Leichte Faltenwellen erscheinen. Der Schlier bildet Antiklinalen, zwischen denen flache Synklinalen von Oncophoraschichten liegen. Noch weniger gestört sind die Donauschotter.

Die Molassezone zeigt am böhmischen Massiv andere Verhältnisse. Dort dringt das altmiozäne Meer, besonders nord der Donau, in Buchten in das alte Land ein und es entstehen die klassischen Ablagerungen der ersten Mediterranstufe der Eggenburger-, der Horner Bucht, von denen ostwärts sich auch noch in der Zeit der zweiten Mediterranstufe Meer ausdehnte, wie die Leithakalke von Mailberg bezeugen. Doch liegen diese Verhältnisse außerhalb des Rahmens unserer Betrachtung.

Wir wollen hier nur kurz noch auf eine Erscheinung die Aufmerksamkeit lenken, die für den tektonischen Aufbau der bisher besprochenen Zonen charakteristisch sind: die Querstörungen.

Friedl, Vetters, Götzinger haben in der letzten Zeit wieder auf die altbekannte Erscheinung besonders hingewiesen, daß der Alpenrand Querstörungen aufweise; so bei Neulengbach, bei Königstetten. An „Blättern" treten Schuppen vor, andere bleiben zurück. Friedl brachte diese Erscheinung mit dem allgemeinen Vorrücken der Alpen im karpathischen Streichen in Verbindung. Er glaubte, daß der rechte Flügel einer Querstörung immer weiter vorrücke als der linke (westliche). Vetters aber bestreitet dies.

Exkursionen. Die Umgebung von Neulengbach und Königstetten zeigt ungemein klar die Verhältnisse des Baues der Molasse am Alpenrande. Vetters und Götzinger haben in den letzten Jahren diese Gegenden genau untersucht.

Um die Verhältnisse bei Neulengbach zu veranschaulichen, sind hier die Profile aufgenommen, die Vetters und Götzinger 1923 publiziert haben. Bei einer Exkursion in dieses Gebiet empfiehlt es sich, von Neulengbach auf den Buchberg zu gehen, von da nach Starzing und

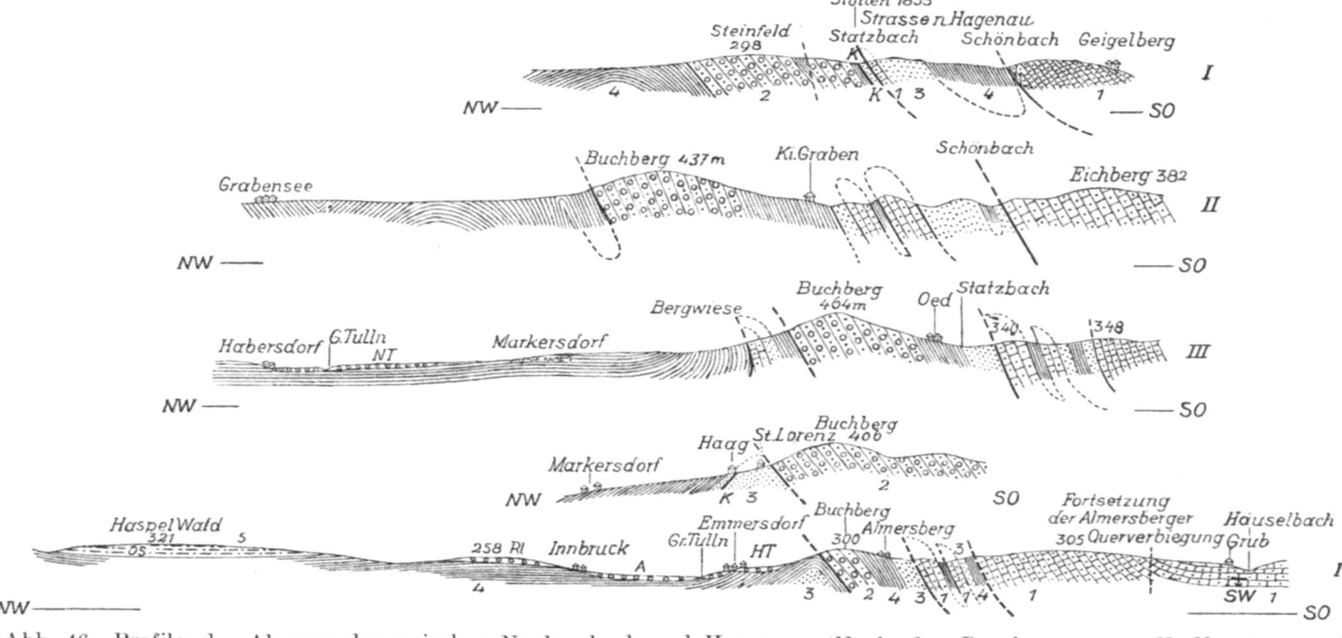

Abb. 46. Profile des Alpenrandes zwischen Neulengbach und Hagenau (Nach den Begehungen von H. Vetters und G. Götzinger)

Man sieht zwischen das Molassegebiet und dem Flysch eine bis 2·5 km breite Schuppenzone eingeschoben. *K* = Kohle. *1* = Flysch. *2* = Buchbergkonglomerat. *3* = Melker Sand. *4* = Schlier. *5* = Oncophorasande. *A* = Alluvium. *NT* = Niederterrasse. *HT* = Hochterrasse. *Pl* = Pliozän

Hagenau. Von dort kann man den Flysch auf der Straße nach Rekawinkel verqueren. (Gute Aufschlüsse.)

Wenn man die interessanten Aufschlüsse um Königstetten kennen lernen will, so folgt man von Königstetten der Straße bergwärts, gewinnt mit Abkürzungen an den Serpentinen die Höhe. Oben gute Aufschlüsse in weichen mürben Gesteinen der Molassezone. Sie fallen bergwärts unter den Neokomflysch. Sein Streichen ist gegen den Waschberg gerichtet. Das Gestein selbst ist kalkig. Wir folgen der Straße noch ein Stück in den Flysch hinein — man kann, der Straße folgend, den Flysch bequem in der Richtung auf die Rohrerhütte

Abb. 47. Der Alpenrand bei Königstetten

Man sieht über Königstetten das Tullnerfeld, überschüttet vom Donauschotter, dann die starke Erosionskurve der älteren Donau. Im Hintergrund der Waschberg mit Kreutzenstein. Bei E (Greifenstein) südfallender Greifensteiner Sandstein, bei N = Neokom. S = Schlier. B = Grenze von Schlier und dem Flysch. Der Schlier fällt unter den Neokomflysch. O = Oberkreideflysch (Original)

verqueren —, wenden uns aber dann rechts hinunter in den tiefen Graben neben der Heilanstalt. Diesen müssen wir, dem Bachbette folgend, von der Anstalt an, bergwärts gehend, studieren. Man kommt hier auf überraschend gute Aufschlüsse, die zeigen, daß eine Art Halbfenster vorhanden ist. Die Molasseschichten fallen flach südwärts unter den Flysch. Grobe Blockschichten (mit Graniten) sind aufgeschlossen, weiters auch Schliermergel. Diese Verhältnisse hat G. Götzinger jüngst beschrieben.

8. Das Wiener Becken

Allgemeines. Mit dem Beginne der zweiten Mediterranstufe treten in unserer Gegend neue große Ereignisse ein, die für die heutige Landschaft von entscheidender Bedeutung werden. Es entsteht, wahrscheinlich im Zusammenhange mit der großen Gebirgsbildung am Ende der ersten Mediterranstufe, die auch das Molassemeer unseres Gebietes zum Ver schwinden brachte, das Einbruchsfeld des Wiener Beckens.

Ein Teil der Alpen bricht nieder. In diese „Wiener Bucht" dringt das Meer ein, bringt die eigenartigen Schichten des „inneralpinen Beckens" zur Ablagerung. Mit dem Ende des Tertiärs verschwindet auch dieses Meer endgültig aus unserer Landschaft. Der langwährende Kampf der Geosynklinale mit dem werdenden Gebirge ist zu Ende. Aber die letzten Phasen des ersterbenden Meeres sind überaus interessant.

Wir erkennen zuerst das offene mediterrane Meer, dessen Strandmarken bis über 300 m am heutigen Gebirgsrande hinaufreichen. In der sarmatischen Zeit dehnt sich ein weites brackisches Binnenmeer, das im Pliozän zum pontischen Süßwassersee wird. Bis 540 m verfolgen wir am heutigen Gebirgsrande dessen Strandlinien. Gegen Ende des Tertiär bedecken weite Sand- und Schotterflächen die Landschaft.

War zur mediterranen Zeit noch ein subtropisches Klima vorhanden, so beherrscht die pliozäne Zeit ein Steppenklima. Im Diluvium liegt unsere Landschaft im Randgebiete der großen alpinen Vereisung.

In der mediterranen Zeit waren die Alpen und unser Gebiet ein flachwelliges Hügelland. Damals gab es noch keine hochragenden Kalkhochalpen. Diese sind erst in jüngster Zeit geworden.

So ist auch dieser letzte Abschnitt der Erdgeschichte für unser Gebiet von fundamentaler Bedeutung.

Abgrenzung. Die Bezeichnung „Wiener Becken" ist alt. A. Boué hat sie schon gebraucht. C. Prévost sprach 1820 von einem „bassin" bei Wien. Blumenbach sprach 1834 von einer „Wiener Fläche". P. Partsch verstand unter „Wiener Becken" die ganze weite Ebene von den Alpen bis in die Karpathen. Sueß gliederte dieses weite tertiäre Feld in die außeralpine und die inneralpine Ebene. Abel, Schaffer und Vetters sprachen in der Folgezeit von einem außeralpinen und inneralpinen Wiener Becken. Später haben die Geographen unter „Wiener Becken" im allgemeinen nur mehr das eigentliche Senkungsfeld südlich der Donau verstanden, so Grund (1901), Hassinger (1905) und Krebs (1913).

Das inneralpine Becken von Wien ist geologisch etwas anderes als das außeralpine. Dieses ist in den Überschiebungsbau der Alpen noch mit einbezogen. Das ist beim inneralpinen Becken nicht der Fall. Es ist ein Einbruchsfeld in dem fertigen Alpenkörper.

Die Grenzlinien des Wiener Beckens bilden: die „Thermenlinie" und die „Leithalinie". Beide Linien gehen von Gloggnitz aus. Die eine folgt dem Alpenabbruche, die andere dem Leithagebirge. Bei Miava vereinigen sich diese Linien wieder. Miava ist gleichsam der Gegenpol zu Gloggnitz. So hat das Wiener Becken seine größte Breite an der Donau. Diese teilt das ganze „inneralpine Becken" in eine nördliche und südliche Hälfte.

Die „Thermenlinie“ ist wohl ein Bruchrand. An ihr sinken der Reihe nach die verschiedenen alpinen Zonen in die Tiefe: die Grauwacken-, die Kalk-, endlich die Flyschzone. Diese Zonen bilden auch den Untergrund des Wiener Beckens.

Das Absinken der Alpen in das Wiener Becken erfolgt quer auf ihre Streichrichtung. Dadurch tritt der Bruchcharakter deutlicher hervor. Vielfach mag der Bruch in ein Abbiegen, in eine Art Flexur übergehen.

Die Thermenlinie ist in ihrer heutigen Gestalt jung, wenngleich die Anlage des Wiener Beckens in den Anfang der zweiten Mediterranzeit zurückgeht. Es ist bekannt, daß an der „Thermenspalte“ die Thermen von Fischau, Vöslau, Baden, Meidling liegen.

Der Bruchcharakter der „Leithalinie“ tritt nicht so deutlich hervor. Wir sehen hier mehr ein allmähliches Untertauchen des Leithagebirges unter die Beckenbildungen. Doch fehlen auch hier nicht die Thermen (Brodersdorf, Altenburg u. a.).

Das südliche Wiener Becken bildet zwischen den Alpen und dem Leithagebirge eine Schüssel, die gegen die Donau zu immer tiefer einsinkt und hier mit Sedimenten von einer Mächtigkeit bis 2000 Meter ausgefüllt sein mag.

Die Schichten des Wiener Beckens sind marine, brackische und fluviatile. Sande, Konglomerate finden sich meist am Gebirgsrand, desgleichen auch Kalke. Tone (Tegel) nehmen die Beckenmitte ein.

Lange Zeit war man sich nicht recht im klaren, wie man diese Verhältnisse deuten sollte.

Stur glaubte, daß alle diese Schichten verschiedenen Alters wären. Sueß, Karrer und Fuchs konnten den Nachweis erbringen, daß derartige Schichten zu gleicher Zeit entstehen können, daß sie nur Faziesdifferenzierungen darstellen, wie das in einer Bucht von der Art der Wiener der Fall gewesen sein muß. Heute ist darüber kein Zweifel mehr, daß die Leithakalke und ihre Konglomerate die Randfazies darstellen, die gleichaltrig sind mit dem Tegel von Baden, der in der Beckenmitte, in den „Schlammgründen“ der Bucht entstanden ist.

Die Gliederung der Schichten des Wiener Beckens verdanken wir der älteren Wiener Geologenschule, so Partsch, Cžjžek, Stur, Karrer, besonders E. Sueß, Fuchs. Grundlegende paläontologische Arbeiten vor allem Hoernes, Auinger u. a.

Die Schichten des Wiener Beckens sind so typische, daß man sie als „Vindobonien“, als „Wiener Schichten“ zusammengefaßt hat. (Dépéret.)

Wir betrachten nunmehr die einzelnen Phasen der **Geschichte des Wiener Beckens.**

Die erste Mediterranstufe

Bildungen der ersten Mediterranstufe sind im Wiener Becken selbst nicht bekannt. Sie finden sich aber in der Umrahmung des Beckens, hauptsächlich in der Wechselzone. Es sind dies die sogenannten **Süßwasserschichten** der ersten Mediterranstufe.

Vorkommen. Diese altmiozänen kohleführenden Schichten finden sich in den Alpen in weiter Verbreitung, so in Wies, Eibiswald, Köflach, Leoben. Man hat lange Zeit geglaubt, daß diese „Becken" getrennte Entstehungsgebiete für diese Schichten waren. Östreich hat die Auffassung vertreten, daß die „Becken" des Mur- und Mürztales in einem langen altmiozänen Längstale entstanden seien. Darauf hat Schaffer den „norischen Fluß" konstruiert, in dessen Ufern diese Schichten entstanden sein sollten.

Alle Erfahrungen sprechen aber dafür, daß diese Schichten einstmals eine mehr oder weniger zusammenhängende Decke gebildet haben, die durch die Erosion zum großen Teil zerstört worden ist. Nur jene „Becken" sind erhalten geblieben, die an Brüchen in die Tiefe zu liegen kamen. So wurden die Schichten vor der Abtragung bewahrt.

Sueß stellte diese Bildungen unmittelbar an die Basis der zweiten Mediterranstufe, in das Helvetien, weil sie auch die Fauna der zweiten Mediterranstufe führen. Ist dies gewiß auch der Fall, so zeigt es sich doch, daß die typischen Kohlenablagerungen des Wechsels, des Rosaliengebietes im Wiener Becken selbst nicht bekannt sind. Zudem sind sie auch stark gestört und weisen andere Lagerungsverhältnisse auf als die viel weniger gestörten Beckensedimente des zweiten und des dritten Mediterran.

Lagerung. Wir stellen diese Bildungen mit Petraschek in die erste Mediterranstufe, und zwar in dessen tiefste Abteilung, in das Aquitan, aus dem Grunde, weil in Steiermark die kohleführenden Schichten unter den Schlier einfallen, also unter dem Burdigal liegen, dem jüngeren Abschnitt der ersten Mediterranstufe.

Hoffmann und Hilber haben diese Auffassung schon früher vertreten. Vieles spricht dafür, daß diese Anschauung die Verhältnisse besser erklärt. Freilich macht die Fauna Schwierigkeiten, als gerade das Leitfossil dieser Zeit, *Brachyodus onoideus*, fehlt.

Die Schichten sind jedenfalls jünger als die „Sotzka-Schichten", die Stur noch mit denen der ersten Mediterranstufe zusammengeworfen hat, was gewiß nicht richtig ist; denn diese älteren echten (untersteirischen) Sotzka-Schichten führen das bezeichnende Leitfossil des Oligozän, das „Kohlentier" (*Anthracotherium*).

Die altmiozänen Süßwasserschichten wurden auf der altmiozänen weit verebneten Landoberfläche zur Ablagerung gebracht und finden sich in unseren Gebieten hauptsächlich in der Wechselregion, so bei Ratten und Kathrein am Hauenstein, wo sie am höchsten liegen dürften (in 1100 m Seehöhe), dann in Hart bei Gloggnitz, in der Kirchberger-, in der Krumbacher Mulde, dann am Kulmariegel, bei Mönichkirchen, ferner in Leiding und Schauerleiten bei Pitten, am Brennberg.

Gleichaltrig mit diesen Bildungen sollen auch die Schichten mit Ligniten von Grillenberg (bei Berndorf) sein. Gegen diese Auffassung haben Hassinger und Kleb Einspruch erhoben. Sie halten die Triestingtaler Lignite für jünger, für Ablagerungen der dritten Mediterranstufe (der pontischen Zeit); dies kann für diesen Fall wohl zutreffen, nicht aber für alle anderen Kohlenablagerungen des Wechselgebietes, die Kleb in seiner Karte von 1912 als pliozän (pontisch) ausscheidet und mit den Kohlen von Zillingdorf in die gleiche Stufe stellt.

Der Aufbau der Schichten ist meist derartig, daß über dem zersetzten Grundgebirge das Flöz kommt, das mehrere Meter stark sein kann. Darüber folgt ein meist blauer Letten, der bis 100 m mächtig wird. Darüber liegen die groben Blockschotter.

Man sieht also, daß die Sedimentation immer gröber wird, was auf zunehmende Erosion bzw. auch stärkeres Relief hindeutet. Dies stimmt insoferne, als wir gegen Ende der Zeit mit einer beträchtlichen Gebirgsbildung zu rechnen haben, die die Alpen über die Molasse schob und auch das Wiener Becken entstehen ließ.

Daß das Wiener Becken in dieser Zeit noch nicht bestanden hat, beweisen auch Gerölle von roten Wandkalken an den Hängen des Leidingtales.

Die groben Blockmassen des Sinnersdorfer Konglomerates gaben beim Baue des Hartbergtunnels Veranlassung, zu glauben, der Tunnel werde durch Granit geführt werden müssen. Er ging aber durch das Konglomerat und die an der Oberfläche „anstehenden Granite" waren Riesenblöcke in dem Schotter.

Tektonik. Alle die altmiozänen Süßwasserschichten sind stark gestört. Nach Mohr ist z. B. ein Gneiskeil in das Sinnersdorfer Konglomerat hineingetrieben. Das Harter Tertiär ist in eine steile Synkline gepreßt. Diese Lagerungsverhältnisse verursachten auch dem Bergbaue Schwierigkeiten.

Heute finden wir die altmiozänen Süßwasserschichten in recht verschiedener Höhenlage. Bei Leiding liegen sie tief, am höchsten bei Ratten. Miozäne und postmiozäne Dislokationen haben die einst ungefähr in gleicher Höhe liegenden Schichtmassen verworfen.

Die Flora dieser Schichten, die Unger und v. Ettinghausen erforscht haben, ist ungemein reichhaltig und ist in einem immer feuchten subtropischen Klima entstanden. Palmenäste wurden wiederholt gefunden. Nadelhölzer (Sequoia, Zypressen), Lorbeerbäume, Edelkastanien, Feigenbäume, Myrten u. a. sind bekannt. Aus diesen Beständen wurden die Kohlenlager. Freilich sind diese auch vielfach aus Mooren hervorgegangen (Faulschlammkohle).

Die Fauna dieser Schichten zeigt nach Abel in ihrer Zusammensetzung eine Lebewelt, wie sie heute noch im Indo-Malaiischen Archipel vorkommt.

Die Fauna der Süßwasserschichten ist jedoch nicht bloß auf die erste Mediterranzeit beschränkt, sondern existiert auch die ganze zweite Mediterranzeit hindurch, bis zu Anfang der dritten Mediterranstufe. Erst zu dieser Zeit wandert aus Asien eine neue (Steppen-) Fauna ein.

Diese erste Säugetierfauna des Wiener Beckens zeigt folgende Zusammensetzung: Mastodonten sind häufig. Die Leitform der ganzen Fauna ist das elefantengroße *Mastodon* (*Bunolophodon*) *angustidens*. Nach dieser Form heißt diese Fauna auch die Angustidens-Fauna. Eine andere große Form ist *Zygolophodon tapiroides*. Ein anderer Proboszidier war das *Dinotherium giganteum* und das kleinere *D. bavaricum*. Weiters kamen vor: Nashörner (*Rhinoceros sansaniensis*), das dreizehige Pferd (*Anchitherium aurelianense*), ferner Hirsche, Schweine, Waldantilopen, Raubtiere, wie der „Beherrscher des Waldes", der säbelzähnige Tiger *Machairodus*. Echte Katzen (*Felis tetraodon*), Wölfe, wolfartige Tiere (*Amphicyon major*), Bären, Menschenaffen (*Dryopithecus*), Krokodile, Schildkröten sind gleichfalls gefunden worden.

Die Schlierzeit des Burdigal. Diese altmiozänen Süßwasserschichten haben wir auch in den kohleführenden Schichten der Buchbergkonglomerate am Außenrande der Alpen getroffen. Während dort aber im Molassetrog der Schlier noch in großen Massen zur Ablegung gelangte, ist typischer Schlier im Wiener Becken nicht bekannt. Petraschek hat die Vermutung geäußert, daß der Schlier einst auch die Alpen und das Wiener Becken bedeckt hat. Er sei aber erodiert worden; daß er aber vorhanden war, beweise das Vorkommen von Schlier in Theben-Neudorf und im Burgenlande (bei Walbersdorf). Im steirischen Tertiär ist Schlier wieder weithin vorhanden. Da die tiefsten Lagen des Badener Tegels in der Bohrung von Liesing, die 600 m tief ging, Foraminiferen von Schliergepräge enthielten, so ist es doch möglich, daß es eine Zeit gegeben hat, in der das Schliermeer von der Molasse und von der steirischen Bucht her in das Wiener Becken eingetreten ist und so in Theben-Neudorf zur Mischung von Schlierfaunen mit der Fauna der zweiten Mediterranstufe geführt hat.

Dies verlangt, daß beide Meere zu gleicher Zeit existiert haben. Dementsprechend wird auch angenommen, daß im Schlier auch die zweite Mediterranstufe, wenigstens in ihren tieferen Teilen (Helvétien), vertreten wäre. Das würde die Verhältnisse leichter erklären.

Die zweite Mediterranstufe

Die erste altmiozäne Transgression der Burdigalzeit, das Schliermeer, ist jedenfalls im inneren Wiener Becken nicht mit der Sicherheit zu erkennen, wie die zweite große Miozäntransgression, die in der zweiten Mediterranstufe im Wiener Becken die reichgegliederten und fossilreichen „Wiener Ablagerungen“, die „Wiener Stufe“, das „Vindobonien“ zur Ablagerung brachte.

Die Grunder Schichten. Die „Transgression“ wird in der helvetischen Zeit mit der Bildung der Grunder Schichten eingeleitet. Sie erreicht im typischen zweiten Mediterran ihren Höhepunkt. In der folgenden sarmatischen Zeit tritt eine Regression ein. Das Meer wird brackisch.

Die Grunder Schichten sind im inneren Wiener Becken wenig bekannt. Sie werden von Mauer angegeben, sind aber in der Bucht von Korneuburg weit verbreitet. Ihr Hauptverbreitungsgebiet liegt im außeralpinen Tertiär (bei Grund in Niederösterreich), dann in Steiermark. Die Grunder Schichten (Sande) sind im großen wohl als eine Regressionsphase nach der Schlierzeit aufzufassen und enthalten marine Formen, brackische und eingeschwemmte Landformen. Leitfossilien der Grunder Schichten sind: *Venus marginata*, *Cerithium lignitarum*, *Helix turonensis*, *Clausilia*, *Melanopsis* u. a.

Die mediterranen Schichten. In der nun folgenden Mediterranzeit tritt das offene Meer in das Wiener Becken ein, das nur eine kleine Bucht eines in der Alpenregion sich ausdehenden Meeres war.

Die Sedimente dieses Meeres sind die Leithakalke, die Leithakalkkonglomerate des Strandes, die Sande von Gainfarn, von Pötzleinsdorf, endlich die Badener Tegel der Beckenmitte. Diese Ablagerungen reichen in den Kalkalpen bis in die Höhe von 360 m. Daraus pflegt man zu schließen, daß der Meeresspiegel damals um diesen Betrag höher gestanden sei als in der Jetztzeit. In dieser Form ist diese Vorstellung im höchsten Maße unwahrscheinlich. Haben doch seit der Ablagerung des zweiten Mediterran zweifellos Bewegungen stattgefunden, die diese Bildungen verworfen haben. Solche Störungen sieht man in der Tat allenthalben, so bei Mödling, bei Wöllersdorf, bei Donnerskirchen im Leithagebirge.

Die mediterranen Schichten umgürten das Leithagebirge, den Alpenrand von Wien gegen Süden bis auf die Höhe von Wiener Neustadt. Jedenfalls fehlen im südlichen Wiener Becken, im Rosaliengebirge, dann in den Alpen um Ternitz die mediterranen Sedimente. Es ist hier (an der Oberfläche) nur Pontikum bekannt.

Die Strandbildungen der Leithakalke und Leithakalkkonglomerate sind in den großen Steinbrüchen von Kaisersteinbruch, Mannersdorf,

Wöllersdorf gut aufgeschlossen und enthalten Austern, Korallen, Muscheln Schnecken und Seeigel. Der Hauptsache nach sind die Leithakalke aus dem Zerreibsel von Kalkalgenrasen (*Lithothamnium ramosissimum*, früher auch als Nulliporen bezeichnet) aufgebaut. Aber auch Foraminiferen sind häufig (*Amphistegina Haueri*).

In den Sanden (Mergeln) von Gainfarn und Enzesfeld lebten dickschalige Schnecken, wie *Conus*, *Cypraea*, *Voluta*, *Strombus*, *Murex*, *Pectunculus* u. a. Leitformen dieser Zone sind: *Ancillaria glandiformis* und *Cardita Jouanneti*.

Bei Eisenstadt tritt ein bryozoenreicher Terebratelsand mit *Terebratula macrescens* auf. Zur Strandfazies gehören auch die Pötzleinsdorfer Sande mit ihrem Reichtum an Muscheln (*Tellina*, *Cytherea*, *Lucina*). Diese Bildungen werden mit denen des Lido von Venedig verglichen. Sande dieser Art finden sich auch auf der Südseite des Bisamberges.

Der Tegel von Baden, Soos, Vöslau, der in der Beckenmitte, in den „Schlammgründen", mit der reichen Pleurotoma-Fauna entstand, kann beträchtliche Mächtigkeiten erreichen (über 600 m) und beherbergt eine reiche Schneckenfauna; besonders ist *Pleurotoma* in einer Unzahl von Arten häufig. Dazu kommen noch: *Conus*, *Terebra*, *Nassa*, *Fusus*. Muscheln sind seltener (*Pectiniden*). Foraminiferen sowie eine Einzelkoralle (*Flabellum Roissyanum*) sind weiters für diese Bildungen bezeichnend.

Von Wirbeltieren sind aus dem Mediterran bekannt: tausende Exemplare von Gehörknöcheln (Otolithen) von Fischen, Haifischzähne (*Carcharodon megaladon*, vielleicht der größte seiner Art!), ferner Knochen von Walen, Delphinen, Seeschildkröten, Seekühen (*Metaxytherium Petersi*).

Zu Lande existierte noch die Angustidens-Fauna.

Die sarmatischen Schichten. Alle diese Schichten werden von den Cerithienschichten überlagert, die der brackischen sarmatischen Stufe angehören. Wieder entstehen Kalke, Konglomerate, Tegel. Aber die Fauna ist anders; sie ist artenarm, wenngleich die Individuen in zahllosen Exemplaren gesteinbildend auftreten, so *Cerithium rubiginosum* und *C. pictum*.

Auch die Höhe des Meeresspiegels war eine ähnliche wie im Mediterran; denn die sarmatischen Bildungen finden sich in gleicher Höhe wie die mediterranen. Auch die Verbreitung ist annähernd dieselbe. Doch machen sich Anzeichen bemerkbar, daß das Sarmat in übergreifender Lagerung vorkommt, so z. B. im Rosaliengebirge.

Es müssen Bewegungen zu Beginn der sarmatischen Zeit stattgefunden haben; dadurch wurde vielleicht auch die sarmatische See zu einem Binnensee. Fuchs fand im Leithagebirge die sarmatischen Bildungen mit Geröllen von Quarz, von Leithakalk diesem selbst aufliegen.

Die sarmatischen Schichten führen neben den bereits erwähnten Leitformen: *Mactra podolica*, *Ervilia podolica*, *Tapes gregaria*. Der sarmatische Hernalser Tegel enthält Reste von Fischen, Schildkröten (*Trionyx vindobonensis*), von Delphinen, Walen.

Die sarmatische Fauna ist wohl aus der mediterranen hervorgegangen, aus jenen Formen, die sich den neuen Verhältnissen anpassen konnten. Es fehlen in der sarmatischen Fauna aber alle echt marinen Formen, wie Cephalopoden, Brachiopoden, Pteropoden, Korallen; auch fehlen fast alle die Formen, die auf „wärmeren Einschlag" deuten. Kommen solche vor, so sind es nur kleine Arten von *Nassa*, *Murex*, *Trochus*, *Cardium* u. a.

Das Ende der sarmatischen Zeit ist wieder durch eine Erosionsphase gekennzeichnet. Hoernes konnte diese im Burgenlande nachweisen und sprach von einer „mäotischen Phase" des Sarmat. Hassinger fand im Triestingtal das Sarmat tief erodiert und von pontischen Sedimenten erfüllt. So gab es nach Hassinger bereits ein „vorpontisches Triestingtal" (neben dem heutigen).

Die dritte Mediterranstufe

Auf die Regression der sarmatischen Zeit folgte im Pliozän, in der dritten Mediterranstufe, abermals ein Ansteigen des Meeres. Diese unterpliozäne „Transgression" der pontischen Zeit ließ Sedimente bis zu der Höhe von 540 m entstehen. Wieder kommen Tegel, Kalke, Sande, Konglomerate in mächtiger Folge zur Ablagerung, vielleicht bis über 1000 m stark werdend.

Im Mittelpliozän verschwindet auch dieser See. Das Becken wird endgültig trocken. Neue Verhältnisse bilden sich heraus. Bedeutende Dislokationen geschehen. Das Klima wird anders, steppenartiger, damit auch die Fauna. So ändert sich im Oberpliozän das Bild unserer Landschaft wesentlich.

Die pontischen Schichten. Die ältesten Bildungen des Pliozän sind die Kongerientegel, die dem Unterpliozän, also der pontischen Stufe, zugeteilt werden. Sie sollen bis 800 m mächtig werden, erfüllen die Beckenmitte. Sie sind in einem großen Süßwassersee entstanden und führen in den tieferen Lagen *Congeria Partschi*, in den höheren *C. subglobosa*. Weitere Leitformen sind: *Melanopsis Martiniana*, *M. vindobensis*, *M. Bouéi*.

In den höchsten Niveaus dieser Tegel stellen sich Lignite ein, so in Zillingdorf, Oberwaltersdorf, Sollenau, Leopoldsdorf. Es handelt sich um Flöze, die zum Teil auch aus Schwemmholz entstanden sind.

Im südlichen Wiener Becken findet sich pontischer Tegel bei Pottschach in 460 m Meereshöhe und bildet von hier an gegen Norden weithin den Untergrund der diluvialen Schotter. Der pontische Tegel liegt nach Kleb bei Fischau in 320 m, in Sollenau in 270 m, am Schönauer Teich bereits in 250 m Meereshöhe.

Der nächste Horizont sind **die Paludinentegel-Sande.** Schaffer hat sie dem Kongerientegel zugezählt, Fuchs wieder den Belvedereschottern. Sie bilden ein eigenes Niveau, das dem unteren Mittelpliozän angehören mag. Diese Sande liegen vielfach diskordant. Aus ihnen stammt auch die vielumstrittene Fauna vom Laaerberg. Petraschek unterscheidet drei Zonen in den Paludinensanden. Die unterste ist bis 200 m mächtig, enthält Rieselschotter, Letten und Kohlenspuren. Die „Moßbrunner Schichten" mit ihren Süßwasserkalken gehören hieher. Wahrscheinlich sind diesem Niveau auch die Süßwasserkalke von Gallbrunn, vom Eichkogel zuzuzählen. Die mittlere Zone hat eine Mächtigkeit von ca. 20 m und ist vielfach tegelig. Die oberste Stufe ist sandig-salzig (Salzzone). Die Gesamtmächtigkeit der Paludinensande kann mit 300 m angegeben werden.

Der jüngste tertiäre Horizont des Wiener Beckens sind **die Belvedereschotter,** die in Form von groben Quarzschottern entwickelt sind, 50 m mächtig werden und dem jüngsten Mittel- und vielleicht auch dem älteren Oberpliozän angehören dürften.

Jüngere pliozäne Bildungen finden sich auch in großer Mächtigkeit in den „Buchten", die innerhalb der Kalkalpen liegen. Solche sind die Gaadener Bucht, die Triestingbucht. Auch bei Pernitz und Weidmannsfeld finden sich noch solche jungtertiäre Schotter.

An diesen Buchten sind aber nicht nur pliozäne Bildungen beteiligt, sondern auch miozäne. So finden sich in der Gaadener Bucht auch mediterrane Schichten, in der Triestingbucht sollen bei Grillenberg auch aquitanische Süßwasserschichten vorkommen.

Den jungtertiären Schottermassen ist auch das mächtige und stark verfestigte Rohrbacher Konglomerat zuzurechnen.

In der pliozänen Zeit sind ferner **die „pontischen Rückzugsterrassen"** entstanden, und zwar beim Rückzuge des pontischen Sees aus dem Wiener Becken. Hassinger hat zwölf solcher Terrassen unterschieden. Die höchste (XII.) liegt in 540 bis 500 m Höhe, die tiefste (I.) in 240 bis 230 m.

Schaffer unterscheidet folgende Terrassen:

1. die Nußbergterrasse, bis 205 m über der Donau
2. „ Burgstallterrasse, „ 155 „ „ „ „
3. „ Laaerbergterrasse, „ 100 „ „ „ „
4. „ Arsenalterrasse, „ 55 „ „ „ „
5. „ Stadtterrasse, „ 15 „ „ „ „
6. „ Praterterrasse, „ 4 „ „ „ „

Die Donau liegt bei Nußdorf in 166 m Meereshöhe, so daß damit die Nußbergterrasse bis in die Höhe von 365 m zu liegen kommt. Sie entspricht somit der großen Terrasse V bis IV in 370 bis 340 m Meereshöhe, die Hassinger aufgestellt hat. Die Laaerbergterrasse mit 266 m Meereshöhe ist eine etwa 50 m starke fluviatile Aufschotterung nach dem Verschwinden des Sees auf der Höhe von 240 bis 230 m (Terrasse I bei Hassinger).

Mit diesem Niveau I ist der pontische See aus dem Wiener Becken verschwunden. Das Land trat zutage. Nun konnten die Paludinensande, die Belvedereschotter aufgeschüttet werden. Tatsächlich liegen diese am Laaerberg in 260 m Höhe. Damit war im Mittelpliozän das Wiener Becken landfest geworden, damit ist die Geschichte des Wiener Beckens als Meeresgebiet zu Ende.

Hier wird es noch notwendig sein, von der **Fauna der Pliozänzeit** zu sprechen. In der unteren, möglicherweise aber erst gegen die mittlere Pliozänzeit erscheint die neue Fauna, die sogenannte Pikermifauna, eine Steppenfauna. Sie wandert aus Asien ein und ist von mehreren Lokalitäten bekannt geworden.

Diese zweite Säugetierfauna des Wiener Beckens oder die Longirostris-Fauna, wie sie auch genannt wird, enthält: Antilopen, Giraffen, Hipparion, Hirsche, Mastodonten, Nashörner, Schweine, Affen.

Leitformen sind: *Mastodon longirostris*, *Dinotherium giganteum*, *Aceratherium incisivum*, *Hipparion gracile* u. a.

Jünger sind die Funde aus dem Belvedereschotter des Laaerberges, die Schlesinger beschrieben hat. Es findet sich die Form *Tetrabelodon tapiroides Cuv.* in einer Übergangsform zu *Tetrabelodon Borsoni* sowie *Elephas planifrons*, ein Vorläufer des jungpliozänen *Elephas meridionalis*, der bei uns bisher nicht bekannt ist.

Nach Kayser ist die Pikermifauna oberpliozänen Alters. Wahrscheinlicher ist die Auffassung von Osborn und Abel, die sie ins Unterpliozän stellen. Die jüngere *Elephas planifrons*-Fauna gehört nach Schlesinger in die Zeit der Wende vom Mittel- zum Oberpliozän. Damit ist das Alter der jüngsten pliozänen Ablagerungen des Wiener Beckens festgelegt.

Tektonik

Das Wiener Becken zeigt seine Schichten in relativ einfacher Lagerung. Man sieht allerorts, daß die Schichten im Innern des Beckens horizontal liegen, etwa so, wie sie entstanden sind. Tegelmassen legen sich übereinander. Gegen den Rand zu stellt sich Verzahnung von Kalk-, Sand- und Tegelmassen und Konglomeraten ein.

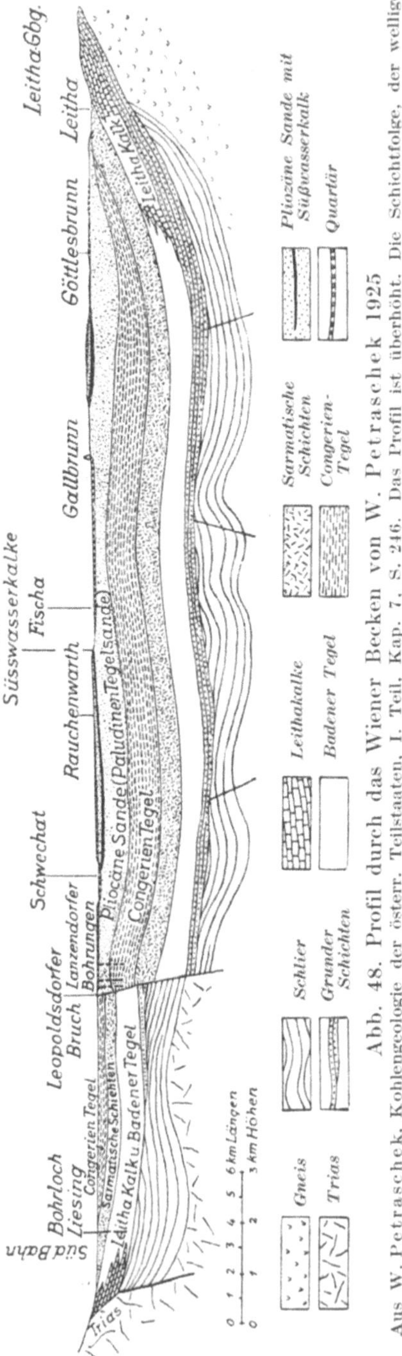

Abb. 48. Profil durch das Wiener Becken von W. Petrascheck 1925

Aus W. Petrascheck, Kohlengeologie der österr. Teilstaaten, I. Teil, Kap. 7, S. 246. Das Profil ist überhöht. Die Schichtfolge, der wellige (faltige) Bau, der Leopoldsdorfer Bruch tritt deutlich hervor

Am Rand des Gebirges sieht man meist die Schichten gegen das Becken zu abbiegen und man hat gewiß Recht, hier in manchen Fällen normale Randschichtung zu sehen.

So bilden die Sedimente des inneralpinen Beckens eine Schichtmasse, die gegen die Donau zu immer mächtiger wird; dabei mag die maximale Mächtigkeit der schüsselartig gelagerten Sedimente in der Beckenmitte gelegen sein.

Ältere Geologen haben nach dem ganzen Baubilde geglaubt, daß dieser Bau des Wiener Beckens alt sei, beim Einbruch des Wiener Beckens so angelegt worden sei und seit dieser Zeit keine wesentliche Störung erfahren hätte.

Dieser Auffassung war auch E. Sueß, und auch Schaffer hat sie bis in die neueste Zeit vertreten. Doch haben auch schon ältere Geologen die Meinung vertreten, daß die heutige Form des Wiener Beckens erst jüngere Dislokationen geschaffen hätten. Insbesondere nahm man mit Th. Fuchs an, daß „Staffelbrüche“ das Einsinken des Wiener Beckens hervorgerufen hätten, Brüche, die in Staffeln die Beckensedimente am Gebirgsrande absinken ließen.

Gegen diese Vorstellung hat wieder G. Koch bis in die letzte Zeit Stellung genommen und betont, daß die Staffelbrüche nicht existieren, sonst müßten die Wasserverhältnisse am Beckenrande andere sein.

Koch hat anderseits wieder betont, daß im Wiener Becken eine Reihe von jungen Störungen nachgewiesen werden können. Er verwies auf die „Sollenauer Störung", die mitten im Becken die Schichten verworfen hatte. Hassinger konnte zeigen, daß jüngere Dislokationen, besonders am Gebirgsrande, vorhanden seien. So fand er, daß das

Abb. 49. Gestörte mediterrane Schichten östlich vom Liechtenstein bei Mödling (Aufnahme L. Kober)

südliche Wiener Becken jüngere Senkungserscheinungen zeige. Er kam auch zur Annahme, daß eine Aufwölbung im Gebirgsrande längs der Thermenlinie zu erkennen sei.

Am bedeutungsvollsten waren die Erfahrungen von H. v. Böckh, daß sich im Wiener Becken ein leichter Faltenbau erkennen lasse. Im Wiener Becken lassen sich mit Hilfe der Eötvösschen Drehwage eine Reihe von Aufwölbungen, Antiklinalen erkennen. So bei Schwadorf. Alle diese Verhältnisse, die später noch behandelt werden sollen, sprechen eine deutliche Sprache.

Wir wissen heute, daß die alten Anschauungen nicht mehr aufrechterhalten werden können. Es ist nicht richtig, wenn man sagt, das Wiener Becken und seine Sedimente hätten in pliozän-quartärer Zeit keine nennenswerten Störungen erfahren. Derartige Anschauungen können die wirklichen Verhältnisse nicht erklären.

Diese zeigen vielmehr, daß die mio-pliozänen Schichten des Wiener Beckens nicht unbeträchtliche Dislokationen erfahren haben. Wir erkennen dies aus den oft direkt zu beobachtenden Störungen, Verwerfungen, aus Bohrungen. Aber auch die heutigen morphologischen Verhältnisse sprechen dafür. Dazu kommt noch, daß die Sedimentation des Wiener Beckens unter den Verhältnissen, wie sie heute sind, gar nicht stattfinden konnte.

Abb. 50. Aufschluß ost vom Grillenbühel bei der Kote 301 im Jungtertiär der Brühl (Aufnahme L. Kober)

Links Hauptdolomit. Rechts Miozän (mit Konkretionen). *S* = Schotter (pliozän ?)

Von allen diesen Verhältnissen wird in dem folgenden Abschnitt die Rede sein.

Exkursionen. Liechtenstein—Vorderbrühl—Mödling. Wir fahren mit der Elektrischen gegen Mödling, steigen bei der Haltestelle Liechtenstein aus, gehen zu den auffallenden Kalkklippen des Kleinen und Großen Rauchkogels. Vorher treffen wir in einer Grube mediterrane Schichten, Leithakalk und dazwischen weicheres Gestein, wie es das Bild darstellt. Die Schichten fallen aber nicht in das Wiener Becken ein, sondern gegen das Gebirge. Die Schichten sind also gestört. Die Störung ist älter als die weite Verebnungsfläche, die über die Gesteine hinweggeht. Diese ist auf die pontische Verebnung zurückzuführen. Damit ist die Störung postmediterran (pliozän). Die Dislokation der Schichten hängt wahrscheinlich mit der Aufwölbung längs des Beckenrandes zusammen.

Die Rauchkogel sind Muschelkalkklippen, die basal Spuren von Werfener Schiefer führen und die sich aus einer tertiären Umrandung erheben. Sie sind Reste einer einst mit dem Muschelkalk des Liechtensteins zusammenhängenden Gesteinsdecke, die der Brühler Gosau aufgeschoben worden ist. Die Erosion hat dann die „Klippen" vom zusammenhängenden Gebirge getrennt. Diese tektonischen „Klippen" waren später im brandenden Miozänmeer echte „Inselklippen". Heute werden sie immer mehr aus der weichen tertiären Umrandung heraus-

Abb. 51. Aufschluß im Hauptdolomit an der Goldenen Stiege bei Mödling (Aufnahme L. Kober)

Links streichen die Schichten in die Ebene hinaus und brechen ab. Rechts große Rutschfläche in der Richtung der Thermenlinie

geschält, da die Muschelkalke der Klippen weitaus widerstandsfähigere Gesteine sind als das zum Teile grusig entwickelte Mediterran. Die Klippen zeigen in sich viele Klüfte, Rutschflächen, Harnische. Ihr generelles Streichen ist ost-west gerichtet und paßt sich vollständig in das allgemeine Streichen ein, das die Klippen der Brühl zeigen.

Wir gehen nun links auf die Fahrstraße. Wir sehen eine Reihe von Klippen im Gelände. Links an der Straße gibt uns ein Aufschluß Einblick in das Jungtertiär der Brühl-Gaadener Bucht. Links, im Steinbruch, kommt der triadische Untergrund zu Tage. (Abb. 50.)

Rechts finden wir große rundliche Konkretionen. Bei S liegen verwitterte Schotter, die ganz und gar denen gleichen, wie man sie im Becken selbst antrifft. Diese Schotter gelten für mediterran; doch fragt es sich, ob sie nicht jünger sind (pontisch).

Wenden wir uns nunmehr links, so verqueren wir das Grundgebirge des Tertiärs. In der Klause von Mödling lernen wir eine typische

Hauptdolomitlandschaft kennen. Das Gestein bildet Wandeln, ist undeutlich geschichtet, im kleinen oft zersplittert und zertrümmert und sandartig.

Mödling—Eichkogel—Gumpoldskirchen. Beim Eingange in den Wald kommen wir auf dem Wege der „Goldenen Stiege" in einen Hauptdolomitbruch, der uns wieder Neues, Interessantes zeigt. (Abb. 51.)

Die Schichten streichen gegen das Becken hinaus, in der Richtung auf das Leithagebirge zu. Sie fallen dabei gegen Süden. Man sieht das

Abb. 52. Das Profil des Eichkogels (Aufnahme L. Kober)

Links die Klause von Gumpoldskirchen mit dem großen Steinbruch von rhätischem Dachsteinkalk, auf dem transgrediert der Leithakalk. Auf ihm liegen gegen den Sattel zu sarmatische Schichten, denen pontische Tegel und Sande folgen. Den Gipfel des Eichkogels bauen die Süßwasserkalke

auch im Bilde. Quer auf das Streichen des Hauptdolomites, der also hier an der „Thermenlinie" plötzlich abbricht, sehen wir eine große Rutschfläche rechts. Sie liegt im Streichen der Thermenlinie, gehört somit zum System der Brüche, die mit dem Einbrechen des Beckens zusammenhängen (bzw. des Aufwölbens des Alpenrandes).

Der Hauptdolomit ist weiter am Wege in Übergangsschichten zum Dachsteinkalk aufgeschlossen. Die Schichten, Bänke, fallen in großen Platten steil ein.

Wir folgen nun der grünen Markierung in das Prießnitztal. Zur Rechten haben wir Hauptdolomit, typisch entwickelt. Wir gehen hier direkt an der „Thermenlinie", am Abbruche der Kalkalpen in das Wiener Becken. Nicht bald findet sich eine Stelle, wo man so deutlich den Bruchcharakter der Thermenlinie sieht. Links das Becken mit der jungtertiären Ausfüllung, rechts der zerrüttete Hauptdolomit.

Bald treffen wir auf die miozänen Leithakalkkonglomerate. Es sind feste Massen, die ein Einfallen in das Becken zeigen. Die Gerölle sind gut gerundet, viel Sandstein (Gosau oder Flysch) ist darunter. Wie kommen die Gesteine da her? Ein Fluß muß sie hergebracht haben. Ganz andere morphologische Verhältnisse haben bestanden. An einem breiten Strande wurden die Schottermassen im Brandungsbereiche der Küste abgelagert. Wir finden die gleichen Gesteine am Fuße des Anningers, in der Klause von Gumpoldskirchen, in der Einöde bei Pfaffstätten.

Im Prießnitztale kommen wir auf die Dachsteinkalke des Anningers. In großen Platten stehen sie an, fallen gegen Süden und streichen ostwestlich in das Becken hinaus. Quer auf ihr Streichen geht der Abbruch des Wiener Beckens.

Abb. 53. Die Kalkalpen bei Mödling, vom Eichkogel aus gesehen (Original)
Die große Liechtensteinterrasse (Terrasse V—IV). Im Hintergrunde der Höllensteinzug. Bei *L* Gießhübel größerer Aufschluß von Lias-Crinoidenkalk (Hierlatzkalk). *J* = Jura. *G* = Gosau von Gießhübel. Im Hintergrunde die Randkette. Im Vordergrunde die Hauptkette. Der Abbruch der Kalkalpen in das Wiener Becken ist hier gut zu erkennen. *H* = Hauptdolomit mit *J* = Jura bei Perchtoldsdorf. Im Vordergrunde die Steinbrüche *H* im Hauptdolomit in *D* = Dachsteinkalk. Die Schichtplatten streichen in das Wiener Becken aus. *M* = Mediterran

Unser nächstes Ziel ist der Eichkogel. Er ist im ganzen Wiener Becken das einzige Profil, wo alle Schichten vom Leithakalk bis zum pontischen Süßwasserkalk unmittelbar aufgeschlossen sind. Die Leithakalke treffen wir noch beim Aufstiege auf dem Wege vom Prießnitztal gegen den Sattel. Oberhalb des Sattels, rechts, stehen im Föhrenwalde sarmatische Kalke und Konglomerate mit Cerithien an. Dann folgen pontische Schichten, Sande und Tegel. Den Gipfel bildet eine Kappe von Süßwasserkalk mit Landschnecken. Fossilführende pontische Sande bauen den Fuß des Eichkogels (dort, wo die Elektrische nach Baden diesen Fuß überquert). Links davon waren früher in den Ziegeleien pontische Congerientegel mit großen Konkretionen aufgeschlossen. Derzeit sind die Gruben von Wasser erfüllt.

In Gumpoldskirchen treffen wir auf rhätische Dachsteinkalke, die in der Klause aufgeschlossen sind. Sie sind mannigfaltig gefaltet, enthalten im großen Steinbruche schwarze Mergellagen. Den Weg links hinauf zum Anninger kommt man bald zu roten Jurakalken, während am Eingange des Weges zum Richardshof die mediterranen Leithakalkkonglomerate anstehen. Hinter dem Richardshof findet sich auf der breiten pontischen Terrasse V—IV Congerienkonglomerat aufgeschüttet und nicht weit davon, im Walde rechts, der pontische Süßwasserkalk, der sich auch auf dem Eichkogel findet und dort die Ursache wird, daß das Tertiär noch so vollständig erhalten ist.

Vom Eichkogel bietet sich ein prächtiges Panorama. Wir sehen den Höllensteinzug im Hintergrund. Aus dem dunkleren Gelände leuchten hellere Flecke. Es sind Steinbrüche bei Gießhübl, die Jura zeigen. Bei L sehen wir auf den großen Hierlatzkalkbruch, bei J auf Juraschichten. H ist Hauptdolomit. Die große Gießhübler Terrasse liegt über der Gosau (G). Im Vordergrunde die breite V—IV Terrasse. Hauptdolomit (H) und

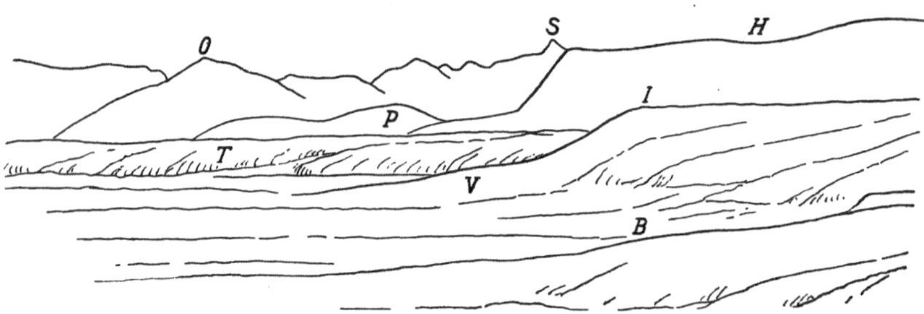

Abb. 54. Blick vom Eichkogel gegen Süden (Original)

Links die Wechselausläufer. O = Otter. S = Sonnwendstein. H = Hohe Wand. P = Vorlage der Hohen Wand (Emmerbergzug). T = Triesting Tertiär. V = Vöslau. B = Baden. Man sieht die karpathische Zone des Wechsels, die Kalkhochalpen, die Kalkvoralpen. Sehr hübsch die jungtertiäre Triesting-Schotterplatte = T

Dachsteinkalk (D) zeigen steilgestellte Platten. Über ihre gekappten Schichtköpfe geht die pontische Abrasion mit großer Ebenheit dahin. Das Mediterran (M) ist bei dem Ausgang der Klause in die Tiefe gesunken, vom Prießnitztal an ist es vorhanden, kriecht dann langsam den Berg, die Terrasse hinan. Hier stellt sich dann das normale Beckenprofil des Richardshofes und des Eichkogels ein. Genau das gleiche Profil müßte auch bei Mödling vorhanden sein; doch ist dort die Schichtfolge des Eichkogels in die Tiefe niedergebrochen.

Wenden wir den Blick gegen Norden weiter, so sehen wir in der Ferne den Kahlenberg, dann die Stadt. In der Nachmittagsbeleuchtung tritt die große Quarzschotterplatte des Laaerberges deutlich hervor. Wir sehen die gleichen Schichten in den Plateaus ost von Fischamend. Aus der diluvialen Ebene des Wiener Beckens schauen die Moosbrunner Schichten in der Erhöhung bei Reissenberg hervor. Die Hainburger Berge, das Leithagebirge begrenzen den Horizont. Im Süden steigt das Rosaliengebirge mit flachen Hängen aus der Ebene. Der Türkensturz bei Pitten ist zu erkennen. Damit sehen wir zum ersten Male die Semmeringkalke. Diese bilden nord des breiten Rückens des Wechsels den steilen Otterberg, den Sonnwendstein. Dann begrenzt der steile Abfall der Hohen Wand den Horizont. Über der breiten Plateaulinie der Wand baut sich im Hintergrunde der Schneeberg. Im Vordergrunde schiebt sich der pontische Schotterkegel flach in das Land. Von Vöslau bis Gumpoldskirchen sehen wir die pliozänen Strandterrassen am Gebirge hängen. Weiter in die Ebene hineingerückt wölben sich flach die Schotterfelder, die im Tunnel bei Gumpoldskirchen durchschnitten werden.

Ich füge ein Bild an, das von besonderem Interesse ist und uns die Verhältnisse der Alpen am Rande des Wiener Beckens um Baden zeigt.

Abb. 55. Blick von der Vöslauer Warte gegen Baden (Aufnahme L. Kober)
Im Vordergrunde der flach abfallende Hang des Vöslauer Kogels. Im Mittelgrunde der höher gestellte Mitterberg. Im Hintergrunde der Anninger. Die 3 Schollen sind verschieden hoch gehoben und durch 2 Brüche geschieden. Diese folgen dem Schwechat- und dem Einödtale

Wir schauen von der Vöslauer Warte gegen Baden zu, sehen links im Vordergrunde über der Waldandacht helle Gesteinskuppen von Hauptdolomit. Die hellen Steinbrüche von Leithakalk treten bis zum Helenentale aus dem Wald- und Wiesengelände deutlich hervor. Am Eingange in das Schwechattal treten gleichfalls flach beckenwärts fallende Leithakalke auf. Sie liegen in gleicher Lagerung dem Hauptdolomit bei Baden auf.

Das Bemerkenswerte ist, daß im Vordergrunde die mediterranen Schichten ganz flach vom Berg abfallen. Im Mittelgrunde liegen sie am Mitterberg viel höher. Auf der weiten Fläche des Mittelgrundes finden wir überall Schotter und Konglomerate, die für mediterran angesprochen werden. Es sind dies die Bildungen, die dem Becken von Gaaden angehören. Im Hintergrunde ist links der Höllensteinzug, rechts der Anninger.

Das ganze Bild gliedert sich deutlich in drei Teile, die verschiedene Höhenlage haben. Davon ist die Landschaft eins und zwei von Jungtertiär bedeckt. Dann fragt man: War vielleicht der Anninger auch einmal so von Konglomeraten überschüttet, wie die Mitterbergzone? Die Sedimentationsverhältnisse des Miozän der Südseite des Anningers sprechen sehr zugunsten einer solchen Annahme. Dann aber hat die Erosion die miozäne Bedeckung über dem Anninger entfernt, weil dieser Block so hoch emporgehoben worden ist. Auf dem Mitterbergrücken ist das Tertiär infolge der tieferen Lage erhalten geblieben. Zwar sind hier auch nur mehr die basalen Schichten vorhanden. Typisch ist das Mediterran erst in der tiefsten Scholle des Gebirgsrandes um Soos entwickelt.

Ist die heutige Morphologie dieselbe wie die der mediterranen Zeit? Oder war zur Mediterranzeit so flacher Boden vorhanden, wie er in der Scholle eins und zwei heute noch zu sehen ist? Dann ist die heutige Landschaft jung, tektonisch entstanden. Wir kämen zur Vorstellung, daß zur Zeit des Mediterran eine einheitliche Bodenfläche vorhanden war, die sich sanft in das Wiener Becken neigte. Sie ist heute aufgewölbt, so in der Scholle (zwei) des Mitterberges, in der Scholle (drei) des Anningers. Sie liegt tief in der Scholle eins (von Soos). Die drei Schollen sind durch Brüche getrennt. Diesen entsprechen das Schwechat- und das Einödtal.

Wenn das der Fall ist, dann sieht man in diesem Bilde überaus hübsch die Verstellung des ursprünglichen mediterranen Bodens. In der Scholle von Soos ist er flach aufgebogen; in der Mitterbergscholle tritt zu der Hebung eine ganz flache Aufwölbung, die in der Anningerscholle kräftiger wird. So lägen in dem Bilde drei Staffeln vor uns, deren Dislozierung vielleicht an der Grenze von Tertiär und Quartär (oder in Altquartär) erfolgt wäre.

Leithagebirge. Von Mannersdorf in die großen Steinbrüche des Leithakalkes. Besonders interessant ist der erste Hausersche Steinbruch. Er zeigt metamorphe karpathische Kalke, die steilgestellt und gefältelt sind, über denen die Leithakalke deutlich transgressiv und diskordant fossilführend liegen. Man sieht hier sehr hübsch die Transgression des Leithakalkmeeres über dem karpathischen Grundgebirge. Die karpathischen Kalke mögen dem Muschelkalke oder dem Jura angehören. Es sind die gleichen hochtatrischen Kalke, die wir bei Hainburg finden und die hier gleichfalls steilgestellt sind, genau so wie die analogen Kalke des Semmering-Mürzgebietes (Krieglach). Wir sehen da bei Mannersdorf vielleicht die Stirn der obersten Semmeringdecke.

Von den Brüchen weiter zeigt der Weg zu den Dreieichen die kristalline Unterlage des Leithagebirges, zuerst Quarzite, Quarzphyllite, Gneise, weiter flachliegende Glimmerschiefer (noch vor der Aussichtswarte). Von der Warte hübscher Überblick über die junge Verebnungsfläche des Leithagebirges, in der das Kristallin und die Leithakalke in gleicher Weise einbezogen sind. Sie ist jung und könnte mit der pontischen

Abrasion in Zusammenhang gebracht werden. Es ist die gleiche junge ebene Landoberfläche, die wir um das Pittener Tal finden.

Gegen Donnerskirchen zu treffen wir, wo die Leithakalke wieder dem Kristallin aufliegen, auf weiße kleine Quarzgerölle, feine Schotter. Ihre Lagerung ist unklar. Sie können als Transgressionskonglomerat an die Basis des Leithakalkes gehören. Es ist aber auch denkbar, daß es sich hier um jüngere fluviatile Bildungen handelt. In Donnerskirchen steht Leithakalk an, der bei der Kirche auffallende Störungen aufweist.

9. Die Landschaft der Gegenwart

Die neue Auffassung. Wir haben nun die großen Züge des Werdens unserer Landschaft kennen gelernt und gesehen, wie allmählich die Alpen der Geosynklinale entstiegen sind. Die heutige Landschaft ist das Ergebnis der Geschichte, die in früher Zeit begonnen hat. Eine große Rolle in diesem Werdeprozeß spielt jedenfalls die alpine Geosynklinale des Mesozoikum. Die heutige Landschaft ist zugleich auch das Ergebnis des langen heftigen Kampfes der Auspressung der Geosynklinale, die der Hauptsache nach in der Kreidezeit begonnen hat. Seit dieser Zeit sind in großen, rhythmischen Krämpfen, den Gebirgsbildungen, den Deckenwanderungen, die Alpen geboren worden. Das sind die Orogenesen der mittleren Kreide, des Oligozän, des Miozän. Vielleicht haben sogar noch im Pliozän solche Deckenwanderungen kleineren Maßstabes, kleinere Orogenesen stattgefunden. Die Ausbreitung der Alpen zum Hochgebirge ist dagegen das Werk der jüngeren pliozänen und diluvialen Epirogenese. (Hebung.)

Die heutige Landschaft ist aus den Vorläufern der Alpen entstanden, aus den Alpen der Kreide, des Alttertiär. Doch sind diese „Gosau-Alpen", diese alttertiären Alpen, in der Landschaft der Gegenwart nicht mehr so deutlich zu erkennen. Von weitaus größerem Einfluß auf die Gestaltung unseres Bodens ist dagegen die miozäne Landschaft. Diese erkennt man weithin in unserer Landschaft und in den Alpen. Wesentlich ist dabei, daß die altmiozänen Alpen, die in Wirklichkeit keine Alpen im heutigen Sinne waren, mit ihrem flachen Relief noch bis in das Jungtertiär hinein existierten. Und erst mit der Wende vom Pliozän zum Quartär wird die heutige Landschaft mit ihrem starken, ausgesprochenen und so eigenartigen Relief angelegt.

Diese Auffassung ist neu und wird hier näher begründet werden. Sie unterscheidet sich von der bisherigen üblichen Anschauung wesentlich dadurch, daß diese das heutige Landschaftsbild für älter hält und auf die altmiozäne Anlage zurückführt.

Die morphologische Erschließung unser Landschaft ist in den letzten zwanzig Jahren weit vorgeschritten. Geologen und Geographen haben daran gearbeitet, so: Cžjžek, Karrer, Fuchs, Schaffer, Grund, Hassinger, Brückner, Götzinger, Kober, Baedecker, Sölch, Lichtenecker, Diwald, Ampferer, Lehmann u. a.

Die Geschichte der morphologischen Erforschung unseres Gebietes ist sehr interessant. Man erkennt in ihr, daß die morphologischen Auffassungen sehr stark von dem Stande der Geologie abhängen. So galt es den älteren Morphologen als ein Axiom, daß in den Kalkalpen noch ein vorgosauisches Relief zu erkennen wäre. Glaubte man doch, daß die Gosau in die Kalkalpentäler fjordartig eindrang. Somit müßte ein altes Relief vorhanden sein.

Das konnte man ohneweiters glauben, so lange man die Alpen, die Kalkalpen, für autochthon hielt. In dem Momente aber, wo die Kalkalpen als eine Schubmasse betrachtet werden, die in tertiärer Zeit noch über den Flysch gewandert ist, da wird man solche Anschauungen nicht mehr vertreten können.

Waren die Alpen und damit auch unsere Alpen schon früher Alpen, d. h. ein Hochgebirge? Oder ist diese Form eine junge? Diese Frage ist dahin zu beantworten, daß es Alpen im heutigen Sinne weder in der Gosau, noch im Alttertiär, noch im Jungtertiär gegeben hat. Alpen im heutigen Sinne gibt es erst seit dem Ende des Tertiär. Die Alpen im heutigen Sinne sind das Werk der jungtertiären-altquartären Epirogenese. (Hebung.)

Während früher in den Orogenesen die Deckenwanderungen mit ihren großen horizontalen Schüben die gebirgsbildenden Faktoren waren, ist die Epirogenese eine mehr vertikale Bewegungsform der Gebirgsbildung. Sicherlich kommen dabei noch horizontale Zusammenschiebungen vor. Aber die vertikale Komponente macht das Gebirge zum Hochgebirge. Steinmann nannte diese zweite große Phase der Gebirgsbildung **die positive Gebirgsbildung**.

Wir pflegen diese Art der Bewegung Epirogenese zu nennen, wissen dabei wohl, daß sie keine besondere Art der Gebirgsbildung ist, die von der Orogenese prinzipiell zu scheiden wäre. Vielmehr betrachten wir die Epirogenese nur als eine Art verkappter Orogenese, eine Orogenese leichter, einfacherer Art, von der man aber nicht sagen kann, ob sie nicht wieder zur echten Orogenese werden könnte.

Der Ausgangspunkt für die Erklärung der heutigen Landschaft ist die Zeit, in der die großen Deckenwanderungen beendet waren. Dies ist für unsere Landschaft anscheinend im Altmiozän der Fall gewesen. So ist die altmiozäne Landschaft die Mutter der heutigen.

So wird auch allgemein angenommen. Auch wir folgen dieser Auffassung, glauben aber, daß diese Landschaft noch viel länger in der alten typischen Form gelebt hat, so vielleicht bis in das ältere Pliozän. Vieles spricht dafür, daß die altmiozäne Hügel- und Flachlandschaft, von der schon öfter die Rede war, im Mittel- und Obermiozän der Hauptsache nach noch bestanden hat, vielleicht sogar noch zur pontischen Zeit. Dann aber setzten Bewegungen ein; Schottermassen erscheinen und zeigen damit größere Dislokationen, größere Erosionen an. Die Erosionsbasis ist gründlichst verschoben worden. Das Relief ist von Grund auf umgestaltet worden. Damit wird auch das Klima geändert, das Leben. Wir sehen ja auch, daß in der Folgezeit das Diluvium die großartigste klimatische Veränderung bringt: die Eiszeit.

Wir haben gesehen, daß wir uns **die altmiozäne Landschaft** als ein flaches Gelände nahe dem Meeresspiegel denken müssen, das von Sümpfen, Mooren bedeckt, von Seen und Flüssen durchzogen war und in subtropischem Klima lag.

Denken wir uns nun die Vegetation von dieser alten Flachlandschaft entfernt, denken wir uns diese zugleich durch vertikale Dislokationen in Blöcke zerlegt, diese Blöcke verschieden hoch gestellt, diese Blöcke dann in der mannigfachsten Weise von der Erosion zersägt, zertalt, zerschnitten, so haben wir das Schema der heutigen Landschaft vor uns. Es fragt sich nur: Wann hat die Zerstückelung der alten Landschaft stattgefunden? War das schon im Altmiozän der Fall, wie man bisher immer angenommen hat, oder geschah diese **Schollenbildung** erst im Jungtertiär, im **Pliozän,** wie ich annehme.

Solche hochgestellte alte Schollen sehen wir in dem Plateau der Rax, des Schneeberges. Hier liegen die alten Landflächen in ca. 1700 m Höhe. Auf der Hohen Wand liegen sie in 900 m, im Wiener Becken liegen sie bei Gloggnitz in 500 m Höhe. An der Donau hätten wir sie als Untergrund des Wiener Beckens vielleicht in ca. 2000 m Tiefe zu suchen.

Die ältere Auffassung. Diese alten Hochflächen kennen wir schon lange. Die Geologen haben sie schon vor 20 Jahren beschrieben. So haben Mojsisovics und Geyer auf diese in den Alpen weitverbreiteten Hochflächen im Jahre 1905 hingewiesen, und zwar besonders für das Gebiet des Salzkammergutes. 1907 haben Brückner, später dann Götzinger die alten Hochflächen der Rax, des Schneeberges als Teile der alten miozänen Landschaft angesprochen. 1912 hat Kober die heutige Landschaft gleichfalls auf die altmiozäne Verebnung zurückgeführt. Götzinger hat dann gezeigt, wie auch auf der Rax und am Schneeberg die Augensteinschotter in weiter Verbreitung zu finden seien. Er führte die alte Landschaft auf ein Mittelgebirge zurück, das von Flüssen überschottert wurde. Die Flüsse zogen von den Zentralalpen über die Kalkalpen in das Alpenvorland. Man hat demnach diese Schotter mit den Molassekonglomeraten des Buchberges in Verbindung gebracht. Nach Winkler und Petraschek haben diese Schotter aquitanisches Alter. Sölch konnte weiters zeigen, daß diese feinen Quarzsande und -schotter von der Höhe der Rax bis zum Niveau des Kessel-

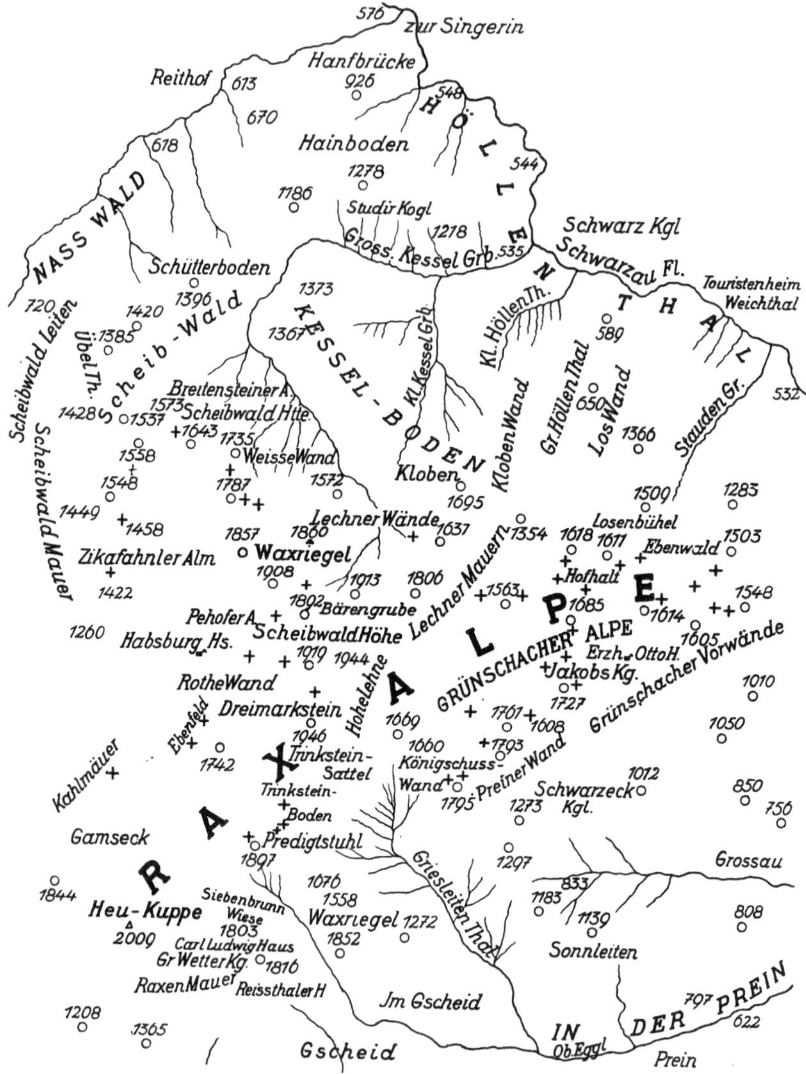

Abb. 56. Die Augensteinschotter auf dem Plateau der Rax (Nach G. Götzinger)

Die Vorkommen sind durch kleine Ringe gekennzeichnet

bodens, des Schütterbodens, also bis zur Höhe von 1250 bis 1300 m, sich finden. Damit war der Beweis erbracht, daß bis zu dieser Höhe die Flüsse gegen Norden flossen. Erst unterhalb dieses Niveaus wurde das Flußsystem umgekehrt, in die heutige Lage gebracht. Die Flüsse flossen dem Wiener Becken zu, in dem Momente, wo dieses entstand. Das war nach allgemeiner Auffassung am Beginne der zweiten Mediterranzeit der Fall. Also ist die Umkehrung der Flußsysteme in dieser Zeit erfolgt. Demnach sind die Flußsysteme und damit die heutige Landschaft vor dem oder mit dem Einbruch des Wiener Beckens entstanden.

Sölch scheidet also einen älteren Zyklus, in dem sich die Landschaft gegen das Vorland entwässerte. In diesem Zyklus wurden die hochliegenden, breiten Täler angelegt, die bis auf 1300 m herunterreichen. In diesem Zyklus entstanden auch die Karsterscheinungen, Höhlen, Dolinen. Dann folgte ein jüngerer Zyklus, und zwar mit Beginn der zweiten Mediterranzeit. Da wurden die Täler von 1300 m an fast bis auf ihre heutige Tiefe eingeschnitten. Derartige Auffassung vertreten auch Baedecker, Götzinger, Hassinger u. a. So nimmt Götzinger an, daß in unserem Gebiet der pontische Talboden bloß 100 bis 140 m höher lag als der heutige. Und Hassinger sagt, daß in pontischer Zeit eine Triesting vorhanden war, in der gleichen tiefen Lage wie die heutige.

Nach allen diesen Anschauungen wäre eine Rekonstruktion des Wiener Beckens berechtigt, wie sie sich auch in populären Darstellungen findet, die das Wiener Becken zur Mediterranzeit als eine Bucht zeigt, die von der heutigen Landschaft umgeben wird. Alles, was heute Ebene ist und bis ca. 400 m Höhe liegt, war vom Meere eingenommen. Alles Land über dieser Höhe ragte inselartig aus dem Meere auf.

Dieses Bild beruht auf der Annahme, daß der Meeresspiegel der Mediterranzeit im Wiener Becken in der Tat auf 300 bis 380 m Höhe gestanden sei. Er müßte in pontischer Zeit auf ca. 540 m Höhe „gestiegen“ sein. Demnach lag der Meeresspiegel dieser Zeit 500 m höher als der der heutigen Adria. Diese Vorstellungen gehen auf E. Sueß zurück, der alle diese Erscheinungen auf die „eustatischen“ Bewegungen des Meeresspiegels zurückzuführen versuchte. Schaffer, Hassinger schließen sich dieser Auffassung an und sind der Meinung, daß die heutige Landschaft in erster Linie infolge des Rückzuges des Meeres auf seine heutige Lage entstanden sei. Hassinger sagt ausdrücklich in einer neueren Arbeit, daß nicht Bewegungen des Landes, sondern die Bewegungen des Meeresspiegels dieses Phänomen erklären. Er führt die heutige Landschaft also auf die große negative eustatische Bewegung zurück, die der Meeresspiegel seit der pontischen Zeit mitgemacht hat. Als Beweis für diese Auffassung führt Hassinger die pontischen Rückzugsterrassen an, die beim Rückzuge der pontischen See im Randgebirge des Wiener Beckens zurückgeblieben sind.

Hassinger glaubt, daß die unterpliozäne Transgression über den Wienerwald hinweggegangen sei, bis in die Höhe von 800 m gereicht das ganze Land terrassiert habe. Von dieser Höhe bis auf die Höhe 230 m seien beim Rückzuge des Meeres Terrassen eingeschnitten worden. Die höchsten seien im Alter vielleicht ungewiß, aber man könne sagen, daß die Terrassen von 550 m Höhe an bis zu der Höhe von 230 m pontisch seien. Hassinger hat zwölf solcher Brandungsterrassen unterschieden. Die höchste ist die Terrasse XII, tiefer liegt die Terrasse V bis IV, die als breite Brandungsplatte am Kahlenberg, am Richardshof zu erkennen sei und immer die Höhe 370 bis 340 m einnehme.

In ähnlicher Weise konnte Schaffer sechs Terrassen nachweisen, von denen die vier obersten dem Tertiär, die zwei untersten dem Diluvium angehören. Er war auch der Meinung, daß die Terrassen beim Rückzuge des Meeres entstanden seien, daß diese Terrassenniveaus in weiter Verbreitung vorkämen. Schaffer parallelisierte diese Terrassen mit solchen des Mittelmeeres und wies darauf hin, daß Lamothe Terrassen in gleicher Höhe und von gleichem Alter im Mediterrangebiet nachgewiesen habe. Damit sollte die Universalität dieser Erscheinung aufgezeigt und damit zugleich der Beweis erbracht werden, daß es tatsächlich die negative eustatische Bewegung des Meeresspiegels gewesen sei, die die heutige Landschaft geschaffen habe (siehe Seite 98).

Schaffer konnte ferner zeigen, daß sich im Niveau 370 bis 340 im Kahlenberggebiet Schotter finden, die die Donau auf dieser Platte in das Wiener Becken eingeschüttet habe. So war auch der Beweis erbracht, daß bereits in pontischer Zeit in der Höhe des Bisamberges die Donau vorhanden war und in den pontischen See mündete. Damit war das Alter der Donau mit unterpliozän (pontisch) bestimmt.

Von diesem Niveau 370 bis 340 sank der pontische See immer mehr. Mit dem Niveau 240 bis 230 war dann der Boden trocken geworden. Nun konnte die Donau ihre Schotter aufschütten. Tatsächlich liegen die Belvedereschotter des Laaerberges in 260 m Höhe. Von dieser Zeit an hat die Donau immer tiefer eingeschnitten und fließt heute bei Wien in ca. 160 m Höhe. So hätte sie sich also seit ihrem Erscheinen in der pontischen Zeit, in der Höhe der großen Terrasse 370 bis 340, bis auf den heutigen Tag, ungefähr 200 m tief eingeschnitten.

Hassinger war es nicht entgangen, daß dieses Bild, so anschaulich es ist, so klar und einfach es zu sein scheint, dennoch nicht imstande ist, die heutigen Phänomene zu erklären. Wenn er auch die heutige Landschaft in erster Linie auf die negative eustatische Bewegung zurückzuführen suchte, so hatte er doch schon erkannt, daß auch das Land Bewegungen gemacht haben müsse. Hassinger kam so zur Vorstellung, daß das Leithagebirge in junger Zeit aufgewölbt sein müsse. Er fand auch, daß das südliche Wiener Becken nachgesunken sei. Er erkannte ferner, daß durch den Rand der Kalkalpen am Wiener Becken eine Aufwölbung stattgefunden habe. Er konnte die Verhältnisse um Mödling, an der Hohen Wand nicht anders erklären, als durch die Annahme junger Bewegungen des Landes.

Somit war das große Schema, das Eduard Sueß erdacht hatte, dem Schaffer gefolgt war, schon durchbrochen worden. Aber Hassinger hatte doch noch zu sehr an der Sueß schen Auffassung festgehalten.

Gegen dieses Gestaltungsbild, das alles für sich zu haben schien, sind mit der Zeit **Bedenken** und **Einwendungen** erhoben worden, und wir kommen zur Vorstellung, daß der Grundgedanke, auf dem es aufgebaut ist, nicht den Tatsachen gerecht wird, daß die heutige Landschaft bloß auf die negative Strandbewegung zurückgeführt werden müsse. Wir werden vielmehr richtiger gehen, wenn wir sagen, daß wahrscheinlich auch das Land sich bewegt hat. Diese Bewegungen, kombiniert mit denen des Meeres, haben das heutige Landschaftsbild geschaffen. Dieses Prinzip ist ebenso einfach und großzügig wie das von E. Sueß und hat noch den großen Vorteil, daß es natürlicher und wahrer ist.

Jüngere Dislokationen. Kann man nun nachweisen, daß das Land seit der pontischen Zeit bewegt worden ist? Dafür gibt es eine ganze Reihe untrüglichster Beweise. Das sind die Dislokationen, die wir an den jungtertiären Schichten des **Wiener Beckens** nachweisen können. Es ist nicht richtig, daß diese Schichten nicht gestört sind. So war es eine der bedeutendsten Errungenschaften der Arbeiten von Boeckh, der im Wiener Becken bei seinen Untersuchungen auf Öl mit Hilfe der Eötvös schen Drehwage einen Faltenbau nachweisen konnte. In Fortführung dieser Arbeiten konnten Friedl und Petraschek im Wiener Becken südlich der Donau leichte Antiklinalen nachweisen, wie dies auch im Profile 48, Seite 100, deutlich zu erkennen ist. Man fand bisher zwei solcher Aufwölbungen. Die eine geht durch Schwadorf-Moßbrunn, die andere durch Lanzendorf. Man fand ferner durch Bohrungen den Leopoldsdorfer Bruch, der eine Sprunghöhe von ca. 540 m zeigt und sarmatische Schichten gegen pontische verwirft. Durch Bohrungen war vor Jahren schon der Sollenauer Bruch bekannt geworden. Es ist möglich, daß diese beiden Brüche sich zu einer langen Bruchlinie verbinden, die von Sollenau gegen den Laaerberg zieht. Eine ähnliche Verwerfung ist auch aus der Gegend von Ebenfurth bekannt geworden. So macht es den Eindruck, wie wenn das Wiener Becken in sich noch grabenartig zerstückelt wäre.

Aus diesen sicher erkannten Verhältnissen ergibt sich also, daß noch in pliozäner und quartärer Zeit nicht unbeträchtliche Bewegungen das Wiener Becken betroffen haben. Dies ist nichts Besonderes, da derartige Bewegungen von vielen Teilen der Alpen bekannt sind. Diese bisher aufgezählten jungen Dislokationen sind in der Tat keine Besonderheit, sondern nur ein Teil der allgemeinen Dislokationen, die auch unsere Landschaft am Ende des Tertiär betroffen haben. Wir finden daher diese jungen Dislokationen in weiter Verbreitung im Wiener Becken und seinem Randgebirge. Nur hat man sie bisher nicht beachtet.

Das ganze Wiener Becken ist in seiner Anlage eine Art Synklinale zwischen den Alpen und dem Leithagebirge. Dieses selbst ist so wie die Alpen eine junge Aufwölbung. **Das Leithagebirge** ist, wie ein Blick auf die beigegebene Karte lehrt, eine Antiklinale, in deren Kerne das karpathische Gebirge erscheint. Die Mäntel der alpin gestreckten Antiklinale bilden die jungtertiären Schichten. Eine weitere Antiklinale bilden die mediterranen Schichten um die Grundgebirgsinsel von Rust (Ruster Antiklinale).

Aber auch **die Alpen** sind jung beträchtlich disloziert. Eine derartige junge Bewegung zeigt sich in der **Rückfaltung der Hohen Wand.** Sie muß jung sein; dafür spricht das jugendliche Aussehen des Bruches. Wäre er älter, etwa altmiozän, so wäre er sicherlich mehr von der Erosion zerschnitten. Wäre er im Altmiozän erfolgt, so wären im Becken der Neuen Welt miozäne Bildungen abgelagert worden; denn das mediterrane, besonders das pontische Meer hätte in das Becken der Neuen Welt eindringen müssen. Nun sind aber derartige Bildungen aus der Neuen Welt nicht bekannt. Sind sie erodiert worden? Sie waren offenbar niemals da. Hassinger mußte deshalb schon annehmen, daß hier junge Störungen vorliegen. So kommen wir hier zum gleichen Schluß: Hier liegt ein junger Bruch vor. Dieser Bruch geht aber stellenweise in eine Überquellung, in eine Überschiebung über.

So erkennen wir eine beträchtliche jugendliche Dislokation, die mit dem Nachsinken der Alpen in das Wiener Becken in Zusammenhang gebracht wird. Nun sehen wir aber, daß dieses Nachsacken des Gebirges erst in pliozäner Zeit stattgefunden hat und eine Bewegung anzeigt, die offenbar von größerer Bedeutung ist.

Gibt es noch Brüche ähnlichen oder gleichen Alters? Der Wandbruch lehrt zugleich, daß der Bruch die Wandscholle aus einer Landschaft herausgeschnitten hat, der das Wandplateau angehört hat. Wir müssen demnach annehmen, daß **ähnliche Verwerfungen** auch die anderen Plateaus heimgesucht haben. Da kommen wir dann zur Annahme, daß dies in der Tat der Fall war. Dann ist aber die heutige Landschaft erst im Pliozän entstanden und nicht im Miozän, wie man bisher immer glaubte. Können wir für diese **neue Auffassung Beweise** erbringen?

Wir können darauf verweisen, daß pliozäne Dislokationen im Bereiche der Alpen allgemein erkannt sind. So ist der Jura erst im Pliozän aufgefaltet worden, wie Brückner gezeigt hat. Penck und Brückner und andere wiesen pliozäne Bewegungen am Alpensüdrande nach. Heim gibt an, daß in pliozäner Zeit noch große Deckenwanderungen der Alpen stattgefunden haben. V. Staff hat vor Jahren schon die heutige Landschaft der Westalpen auf Störungen der präglazialen Fastebene zurückgeführt, ähnlich auch Martonne u. a. So wäre unsere neue Auffassung nur eine Ergänzung einer allgemeinen Erfahrung.

Gibt es aber auch direkte Beweise, die man aus unserer Landschaft dafür erbringen kann?

Fürs erste ist zu sagen, daß die Sedimente des Wiener Beckens unter der Annahme der heutigen Morphologie gar nicht entstehen konnten. Es ist im höchsten Grade unwahrscheinlich, daß auf der Südseite des Anningergebietes mediterrane Konglomerate sich hätten bilden können, wenn die heutige Morphologie bestanden hätte. Wie hätten dann die Flyschgerölle über den Anninger in die Klause nach Gumpoldskirchen gelangen können? Es ist ferner mehr als auffällig, daß im Sarmat von Wiesen neben Quarzgeröllen auch zahlreiche Kalkalpengerölle vorkommen. Wie hätten die in das Burgenland kommen sollen, wenn in sarmatischer Zeit das Wiener Becken in seiner jetzigen Gestalt bestanden hätte?

Ein weiterer Beweis ist ferner, daß die jungtertiären Schichten des Wiener Beckens in den verschiedensten Höhenlagen liegen. So findet sich der Leithakalk im Leithagebirge in den Höhen von 200 bis 400 m, im Grazer Becken geht er gar bis auf die Höhe von 551 m (bei Wildon).

Zugleich sieht man die jungtertiären Schichten recht beträchtlich gestört. Im Piestingtale sinken die Leithakalke mit deutlichem Abbiegen in das Wiener Becken hinab. Bei Mödling (beim Rauchkogel), (Abb. 49) sind die Leithakalke gegen das Gebirge verworfen. Im Leithagebirge zeigen die Leithakalke von Donnerskirchen starke Störungen. So ließen sich noch manche Beispiele anführen.

Noch einen anderen Beweis will ich anführen, der für die Unmöglichkeit der alten Auffassung zu sprechen scheint. Das ist **das Problem der Laaerberg- und der Bisambergschotter,** das bisher viel besprochen worden ist und nie verstanden werden konnte.

Es handelt sich dabei um folgendes. Auf dem Bisambergplateau liegen in 360 m Höhe, also auf der großen pontischen Terrasse V—IV, echte Donauschotter. Sie führen alpine und außeralpine Gerölle, genau so wie die heutige Donau.

Auf dem Laaerberg liegen in 260 m Höhe die Belvedereschotter. Sie sind keine echten Donauschotter. Sie führen überwiegend außeralpine Gerölle, Quarzgerölle. Die echten alpinen Donauschotter fehlen. Das hat Hassinger auf den Gedanken gebracht, daß die alpinen Gerölle durch besondere klimatische Umstände, chemische Aufzehrung vernichtet worden wären.

Schaffer und Loczy haben mit Recht schon betont, daß die Belvedereschotter eben keiner „echten Donau" angehören, sondern einem

Strome, der von der böhmischen Masse kam. Demnach hat es in der Belvederezeit überhaupt noch keine „alpine Donau“ gegeben. Nun muß diese aber doch bestanden haben, da auf dem Bisamberg, in 360 m Höhe, echte Donauschotter liegen. Hat sich doch seit dieser Zeit die Donau eingesenkt. Nun zeigt sich aber, daß die Donau des Niveaus (260 m), des Laaerberges, gar keine echte Donau ist.

Wie soll man das erklären? Wir wissen, daß die Belvedereschotter mittel- bis oberpliozän sind und keiner echten Donau angehören, sondern einem Strome, der von der böhmischen Masse in die Alpen floß. Die Bisambergschotter sind dagegen echte Donauschotter und müssen unbedingt mit der heutigen Donau vereinigt werden. Wir kennen ihr Alter nicht. Nun liegen diese Schotter um 100 m höher als die Laaerbergschotter, die nicht der „alpinen“ Donau angehören. So schaltet sich eine fremde („böhmische“) Donau zwischen die echten Donauschotter in 360 m und 160 m Höhe, auf der die Donau heute fließt.

Fassen wir die Bisambergschotter und die heutigen Donauschotter zusammen und stellen wir sie der fremden, älteren Donau, den Laaerbergschottern gegenüber, so löst sich das Problem mit einem Schlage, wenn wir eine Verstellung der Terrassen annehmen. Wenn wir sagen: Die Laaerbergschotter sind die älteren, die jüngeren sind die Bisambergschotter. Die Schotterlager sind aber verstellt. Der Bisamberg ist gegenüber dem Laaerberg um etwa 100 m gehoben oder letzterer gesenkt. Oder beide haben eine Bewegung ausgeführt, die zu dem heutigen Landschaftsbilde geführt hat.

Dann wird die Sachlage sofort klar und wir werden folgende Rekonstruktion vornehmen können. Im Mittel- und Oberpliozän lag die böhmische Masse noch höher als die Alpen (bei Wien). Flüsse aus der böhmischen Masse schütteten auf der Steppenlandschaft den (gelbroten) Laaerbergschotter auf. Dieser Schotter bedeckte wahrscheinlich auch den Bisamberg. Dann wurde der Bisamberg gehoben, der Laaerbergschotter daselbst erodiert. Indessen entstand die echte alpine Donau und schüttete echte Donauschotter auf das Bisambergplateau. Das war am Ende des Tertiär, vielleicht auch im Altquartär. Der Bisamberg tauchte immer mehr auf. Im gleichen Maße schnitt die Donau ein. So entstand der Donaudurchbruch, im Oberpliozän und im älteren Quartär und nicht in der pontischen Zeit, wie Hassinger u. a. bisher immer angenommen haben.

Das führt aber dazu, jungtertiäre und altquartäre Dislokationen anzunehmen. Wir kommen hier wieder zu Annahmen, wie sie in anderen Gebieten als erwiesen gelten. Sind doch alle diese Durchbrüche, wie der des Rheines, der Elbe, der Donau, des Eisernen Tores, sehr jungen Alters. So ist es auch an der Donau bei Wien.

Ähnlich wie der Donaudurchbruch mögen dann auch alle die anderen Durchbrüche entstanden sein, die wir bei den Zuflüssen der Donau, bei ihrem Austritte aus dem Gebirge in das inneralpine Becken von Wien heute sehen. Wir finden hier vielfach die gleichen Phänomene. Wir sehen, wie die Schwechat, die Mödling, weiter im Gebirge drinnen in breiten Talmulden fließen. Beim Austritte durchsägen sie **„Klausen“**, wie die Klause von Mödling, des Schwechattales. Bei den anderen Flüssen sieht man Ähnliches. Gewaltige Dimensionen nimmt dieses Phänomen bei der Schwarza an. Da sieht man im Gebirge um Rohr, wie sich der Talboden erheblich verbreitert, fast mit der alten Oberfläche verschmilzt. Dann muß aber die Schwarza das Schneeberg-Raxmassiv durchsägen und sich 1000 m tief einschneiden. Es ist aber im Prinzip das Klausenphänomen des Mödlingbaches. Nur sind hier die Dimensionen andere. Im Hochalpengebiet ist eben die Aufwölbung nicht 100 m hoch gewesen, sondern mehr als 1000 m, also zehnmal so groß wie an der Donau. Aber es ist das

Abb. 57. Blick vom Gahnsplateau gegen die Bucklige Welt (Nach einem käuflichen Bilde)

Man sieht im Vordergrunde die große Terrasse vom Prigglitz, die Grauwackenzone. *S* ist der Johannisberg. Man erkennt auch das tieferliegende Wiener Becken. Sehr hübsch ist die Verebnungslandschaft der Buckligen Welt zu sehen, die stark kontrastiert mit der höher gehobenen Wechsel-Otterlandschaft. Der Otterbruch *B* ist die Grenze, T_1 und T_2 sind durch Quarzit *Q* getrennte Triaszonen. Der Otterbruch verläuft quer auf das regionale Streichen, also in nord-südlicher Richtung gleiche Phänomen. Dann ist aber die ganze heutige Rax-Schneeberglandschaft jungen Datums, pliozänen und altquartären Alters.

Wir werden annehmen können, daß diese Bewegungen einsetzten, als im Wiener Becken die auffallenden Schuttmassen entstanden, wie z. B. das Rohrbacher Konglomerat, das man mit der Entstehung des Wandbruches der Neuen Welt, mit der Herausbildung der heutigen Landschaft in Verbindung bringen kann. Ähnliches gilt von den anderen jungtertiären Schottermassen.

Wir kommen so zur Vorstellung einer allgemeinen **Dislozierung der Landschaft in pliozäner und altquartärer Zeit.** Die Dislozierung ist

Abb. 58. Blick auf die Gaadener Bucht gegen Baden zu, vom Höllenstein gesehen (Aufnahme L. Kober)

Links der Anninger, rechts der Badener Lindkogel. Beide Berge Dachsteinkalk. Dazwischen im Beckengrunde Hauptdolomit. Rechts das Eiserne Tor mit Muschelkalk. Im Mittelgrunde die jungtertiäre (mio-pliozäne) Aufschüttung

recht verschieden. Man möchte glauben, daß in gewissen Fällen sogar noch Deckenbewegungen kleineren Stiles stattgefunden hätten. So machen die Überschiebungen der Ötscher Decke im Hocheck-Reisalpen-Gebiet den Eindruck, wie wenn die Überschiebung die alte verebnete Landschaft durchschnitten hätte. An der Hohen Wand ist die junge Dislokation eine steile Überschiebung. Wo anders ist ein Bruch. Dann wieder stellen sich weitgespannte Aufwölbungen ein.

Wir können sagen: Im Leithagebirge liegt die pliozäne Verebnungslandschaft heute in ca. 400 bis 500 m Höhe, in der Buckligen Welt steigt sie auf 900 m an, ist aber sehr gut erhalten. Im Wechsel ist sie bis 1700 m emporgetragen. Im Semmeringpaß liegt sie wieder auf 900 m. In den Kalkhochalpen steigt sie bis auf 2000 m, während sie auf der Hohen Wand in 900 m liegt. Im Wienerwald liegt sie tiefer.

Wir erkennen deutlich **Brüche, Überschiebungen** in der Streichrichtung der Alpen, dann aber auch quer darauf. Das gleiche gilt von den **Auf-**

wölbungen. So entsteht ein Mosaik von Dislokationen, von Schollen. Auffällige Brüche sehen wir in der Streichrichtung der Alpen die Grauwackenzone begrenzen. Diese ist eine Art Graben zwischen dem Wechselgebiet und den Kalkalpen, der gewissermaßen den Einbruch des Wiener Beckens gegen Westen fortsetzt. Weitere solche im Streichen liegende Brüche sind der Wandbruch, die Thermenlinie u. a.

Querlaufende Brüche begrenzen den Sonnwendstein-Otterstock, den Wechsel im Osten, den Schneeberg. Quere Aufwölbungen finden sich im Eisernen Torgebiet. Quere Einwölbungen sind die Buchten

Abb. 59. Blick auf die Gaadener Bucht gegen das Eiserne Tor zu (Aufnahme L. Kober)

Im Hintergrunde der Schneeberg. Im Vordergrunde die ebene Beckenausschüttung. Auffallend der Riegel bei Heiligenkreuz. Wo das Eiserne Tor nördlich absinkt, liegt unter dem Muschelkalk das Jurafenster des Schwechattales

von Gaaden, des Triestingtales. Es sind gewissermaßen Synklinalen, die durch die Antiklinale des Eisernen Tores getrennt sind.

So ließen sich noch manche Beispiele bringen. Es soll nur soviel noch gesagt werden, daß der Kalkalpensüdrand bei diesen Bewegungen wahrscheinlich eine Rückfaltung auf die Grauwackenzone erlitten hat, wie wir dies an der Hohen Wand-Rückfaltung kennen gelernt haben. In ähnlicher Art ist auch der Sonnwendstein längs einem langen Bruche gegenüber der Grauwackenzone hochgestellt worden.

Mit diesen (zum Teil noch) im Altquartär vor sich gegangenen Bewegungen hängt natürlich eine lebhaftere Erosion zusammen. Auf diese ist damit auch die Entstehung des großen Schwarzaschuttkegels zurückzuführen.

Im Diluvium war das heutige Talnetz noch nicht fertig. Das beweisen die Schotter, die von den Flüssen aufgeschüttet wurden. Die diluvialen Schotterbildungen erscheinen mehr als lokale Schottermassen in und vor den Tälern der Flüsse. Nach Penck und Brückner soll es vier Eiszeiten geben; dementsprechend vier Moränen- und vier Schotterflächen.

Diluviale Schottermassen sind: Der große **Schuttkegel** der Schwarza, der bis in die Gegend von Wiener Neustadt reicht, eine Fläche von 60 km² umfaßt und in eine präglaziale Erosionfurche des Rohrbacher Konglomerates eingebaut ist. Ähnliche Schotterkegelzüge baut die Triesting bei Leobersdorf, die Schwechat bei Baden, die Liesing. Alle diese Bildungen dürften in einer Zeit der Hebung der Alpen (Erosion!) und Senkung des Beckens (Aufschüttung!) entstanden sein. Vielleicht gehören sie dem großen Mündel-Riß-Interglazial an. Demnach müßten in dieser Zeit noch die Alpentäler beträchtlich vertieft worden sein.

In der Schweiz nimmt A. Heim in der Tat auch für diese Zeit die größte diluviale Erosion an, die bis 600 m betragen kann und so die Täler um Bedeutendes tiefer legt.

Längs der Donau sind die „Wagram-", die Höbersdorfer-, die Stadt- und die Praterterrasse **diluviale Terrassen**. Letztere Terrasse ist die jüngste; sie liegt bloß bis 4 m über der Donau, die Stadtterrasse bis 15 m. Die Höbersdorfer Terrasse trifft man 40 bis 50 m über der Donau. In ähnlicher Höhe liegen die Schotter des Wagrams, die sich z. B. von der Kampmündung (216 m) fast geradlinig bis zur Stockerauer Höhe (200 m) verfolgen lassen.

Die Wagramer Schotter werden als ältere Deckenschotter betrachtet und müßten im Donaudurchbruche des Bisamberges in ca. 200 m liegen, das ist 40 bis 30 m über der heutigen Talsohle. In Wirklichkeit finden wir aber die Schotter des Bisamberges in 360 m Höhe. Wären diese Altquartär, so hätten sie eine Hebung von 160 m erfahren.

Wir müßten uns dann vorstellen, daß die Wagramschotter auf dem Bisambergplateau ursprünglich in ca. 200 m Meereshöhe aufgeschüttet worden wären. Dann fing aber der Bisamberg zu steigen an. Diese immer höher steigende Schwelle mußte die Donau durchsägen. Dieses Steigen mag bis in die große Mündel-Riß-Eiszeit angedauert haben; denn in der jüngeren Diluvialzeit erlöschen diese Bodenbewegungen größeren Stiles. Die Hoch- und Niederterrasse liegt in Wien gleichfalls ungestört.

Sind so große Hebungen in altquartärer Zeit auch von anderen Durchbrüchen bekannt? Im Elbedurchbruche liegen die altquartären Schotter 150 m hoch über dem heutigen Flusse, am Rheindurchbruch ca. 300 m hoch und im Durchbruche des Eisernen Tores 207 m.

Östlich vom Bisamberg finden sich die Terrassen wieder in normalen Höhen. Die 30-m-Terrasse kann wieder dem älteren, die 20-m-Terrasse dem jüngeren Deckenschotter zugeteilt werden. Die Hochterrasse läge 12 m und die Niederterrasse 8 bis 5 m über der Donau. An letztere Terrassen kann man die Stadtterrasse als Hochterrasse und die Praterterrasse als Niederterrasse anknüpfen.

Der ältere und jüngere Deckenschotter wäre im Stadtgebiete von Wien nicht zu erkennen, da die dem Niveau nach hergehörenden Terrassen Belvedereschotter sind, die am Laaerberg mittel- bis oberpliozänen Alters sind, also dem Deckenschotter nicht entsprechen können.

Abb. 60. Die „Breite Ries“ (Nach einem käuflichen Lichtbilde)
Karähnliche Bildung mit Moränen der letzten Eiszeit. Winterbild der Ostseite des Schneeberges

Im nördlichen Wiener Becken bilden die diluvialen Schotter einen dünnen Belag. Man muß sich vorstellen, daß das Wiener Becken eine Rückfallebene war, auf der die Flüsse in die Donau und damit in das pannonische Becken abflossen. In diesem tiefen Senkungslande sind die diluvialen Schotter aufgehäuft.

Langsam bahnt sich **die Gegenwart** an. Im Mitteldiluvium erscheint der Mensch. Jünger sind die Funde von Willendorf bei Krems.

Firnfelder bedeckten in der letzten (Würm-) Eiszeit die Kalkhochalpen. Kare senkten sich ein. Sie sind im Wechsel kaum zu erkennen, treten aber auf der Rax (Predigtstuhl etc.) und im Schneeberg auf. Die Bockgrube und die „Breite Ries“ sind Belege dafür. Am Fuße der letzteren finden sich noch schön erhaltene Stirnmoränen, die auch vom Kaiserstein sehr gut gesehen werden können.

In der heutigen Landschaft treten **die Gesteinsunterschiede** im kleinen deutlich hervor. Ein Gosau-, ein Werfener Schieferland bildet immer Wiesen, die Wasser führen. Ähnlich ist es mit dem Lunzer Sandstein. Der Hauptdolomit formt eine andere Landschaft als der Dachsteinkalk.

So erkennen wir, wie die heutige Landschaft das Ergebnis eines langen Werdens ist, wie verschiedenartige Kräfte zusammenwirken, um das Bild der Gegenwart zu erzeugen. Das Land hebt sich, das Gebirge wird in Schollen zerlegt, das Meer weicht. Flüsse bilden sich, und jetzt kann das Wasser erodieren. Je höher ein Block steigt, je rascher er steigt, desto mehr Arbeit muß die Erosion leisten. Dann wird es hauptsächlich Tiefenerosion. Zu diesen **tektonischen Vorgängen** kommen noch **klimatische Faktoren**. Im Pliozän liegt ein Steppenklima über der Landschaft. Die Kalkplateaus werden gehoben und sie erhalten die Formen des ober- und unterirdischen Karstes. In dieser Zeit entstehen die mannigfachen Höhlenbildungen und alle die vielgestaltigen Karstformen. Im Diluvium kommt nun die Eiszeit. Ein neuer morphologischer Zyklus setzt ein. Glaziale Formen entstehen, Kare, Moränen u. a. In der Gegenwart herrscht wieder humides Klima. Jetzt feilt die Erosion an den Formen und Gestalten und präpariert die Gesteine aus der Landschaft heraus, ihrem Baue, ihrer Festigkeit entsprechend.

Wenn wir die Sprache der Landschaft richtig verstehen wollen, so müssen wir nicht nur die Formen und Gestalten, die Gesteine und Schichten, die Großformen und die Kleinformen betrachten, sondern auch **die Flüsse**. Indem wir sie in ihrem Verlaufe auch analysieren, erkennen wir die Geschichte unserer Landschaft.

Wahrscheinlich ist, daß mit der beginnenden jungtertiären Dislokation, die die Zonen der Alpen, die Kalkalpen-, die Grauwacken-, die karpathische Zone, das Wiener Becken wieder schärfer aus der alpinen Flachlandschaft herausmodellierte, auch die großen Längstäler angelegt worden sind. Auch die Quertäler dürften auf große einfache Mulden und Brüche zurückzuführen sein. So ist es sehr wahrscheinlich, daß **die Anlage** der Täler vielfach ganz oder zum großen Teil tektonisch bedingt ist.

Die älteren Flußsysteme sind, wie wir gesehen haben, häufig umgelagert worden. Was die Flüsse der Altlandschaft anbelangt, so kann man nichts Sicheres über ihren Verlauf sagen. Es ist auch nicht sicher erwiesen, daß alle die Augensteinschotter von solchen Altflüssen stammen. Es ist möglich, daß unter ihnen auch Reste von Gosau- oder alttertiären Ablagerungen sein können.

Die jüngeren Flußsysteme zeigen gleichfalls Verlegungen. Wir müssen annehmen, daß z. B. die Flüsse der Ostabdachung des Wechsels zuerst ostwärts in das Burgenland abflossen. Erst die neuerliche junge Einsenkung des südlichen Wiener Beckens hat die Pitten mit ihrem südnördlichen Verlaufe geschaffen.

Noch jünger dürfte z. B. die Verlegung des Flusses sein, der früher einmal durch das Einödtal bei Pfaffstätten in das Wiener Becken mündete. Heute ist das kleine Tal ein Trockental. Es ist anzunehmen, daß dieses Tal einstmals mit einem Flusse, der aus dem Flysch kam, zusammenhing. Dieser Fluß wurde aber später gegen Osten abgelenkt und bildet die heutige Mödling. Die Erosion des Mödlingbaches war kräftiger und hat in rückschreitender Tieferlegung der Erosionsbasis den Unterlauf des Einödflusses an sich gerissen.

Interessant sind in dieser Hinsicht auch die Verhältnisse an der Ödenburger Pforte, wo die Rosalia eine ganz niedere Wasserscheide bildet.

Solcher Beispiele ließen sich noch manche erbringen.

10. Der Untergrund

Wir haben bisher das Werden der Landschaft von den ältesten Zeiten bis auf die Gegenwart verfolgt und so die Gestaltung der Oberfläche kennen gelernt. Wir betrachten nunmehr den Untergrund unseres Gebietes in seinen geologischen Erscheinungen und Auswirkungen in der Gegenwart.

Den Ausgangspunkt bildet **das Gesamtprofil**, der allgemeine Bauplan der Tiefe. Damit hängen die Schwereverhältnisse aufs engste zusammen. Auch die Erdbeben (der Gegenwart) sind Auswirkungen der Verhältnisse der Tiefe. Zuletzt widmen wir noch einige Worte den Bodenschätzen.

Wenn wir uns eine Vorstellung **vom Baue unserer Landschaft in der Tiefe** machen wollen, so konstruieren wir ein Übersichts-, ein Sammelprofil und legen in dieses in sinngemäßer Weise alle diese typischen Erscheinungen hinein, die wir kennen. Ein solches Profil läßt sich am leichtesten durch den Abschnitt ziehen, der alle Teile von der böhmischen Masse bis zum Wechsel enthält. Dies ist im westlichen Gebiete der Fall. So ergibt sich von selbst das Profil von Hadersdorf gegen Kirchschlag.

Wir zeichnen uns zuerst die Nullinie. Auf dieser tragen wir das morphologische Profil ein. Dann zeichnen wir die Gesteinsgrenzen, das Einfallen der Schichten. Wir sehen vom Alpenrande bis gegen die Puchberger Linie die Schichten immer gegen Süden fallen. Hier werden sie dann immer flacher. Vom Kalkalpensüdrand fallen die Schichten wieder gegen Norden. Dieses Einfallen hält nun durch alle Zonen an bis auf die Wechselkulmination. Von hier gegen Kirchschlag fallen die Schichten wieder südwärts. So erkennen wir einen großen Bauplan: eine riesige Kuppel in der Zone der Karpathen und eine große Mulde im ostalpinen und helvetischen Bau.

Diesem allgemeinen Bauplan der Oberfläche muß auch ein bestimmter Tiefenbau entsprechen; denn die Oberfläche ist das Abbild der Tiefe. So muß in der Tiefe unter den Kalkalpenmassen eine große Mulde liegen.

Es ist nicht möglich hier auseinanderzusetzen, wie wir nun im einzelnen weiter vorzugehen haben, um das Tiefenprofil zu konstruieren. Das würde viel zu weit führen. Für alle Fälle kann aber gesagt werden, daß die Konstruktion des Tiefenprofiles sehr schwierig ist, viele Überlegungen verlangt. Der ganze allgemeine Bauplan muß berücksichtigt werden, will man zu einem wahrscheinlichen Bilde kommen.

Ich habe mich in dieser Sache viel und viel bemüht und halte die beigegebenen **Sammelprofile** für diejenigen, die der Wirklichkeit am besten entsprechen dürften.

Die böhmische Masse senkt sich flach südwärts unter die alpinen Zonen hinab. Sie taucht unter die Alpen. Die einzelnen Zonen der Alpen schieben sich nordwärts vor. Die Molasse ist vielfach vom Untergrunde abgehoben und zusammengestaut, besonders im Süden. Die „Blockschichten“zone ist schon beträchtlich gegen Norden gewandert. Die Flyschzone zieht unter den Kalkalpen durch. Ihre Wurzeln werden von den Kalkalpen, vielleicht sogar noch von dem Semmeringkalke bedeckt. Die Kalkalpen liegen demnach als flache Schubmasse auf einer Schüssel von Flysch. In sich sind die Kalkalpen in Teildecken gegliedert. Die bedeutendsten sind die der Kalkvoralpen und der Kalkhochalpen. Die ersteren bilden auch liegende Falten. Den direkten Untergrund der Kalkalpen formt auf der Südseite die Grauwackenzone. Unter dieser kommt das karpathische System heraus, eine gewaltige Kuppel bildend. Vor dieser liegt, durch eine Scherfläche geschieden, im Norden das helvetische Gebirge, im Süden das penninische System, das aber nur westwärts in den Hohen Tauern zutage kommt. Über dem Pennin liegt das ostalpine Kristallin und das Paläozoikum, der südliche Gegenflügel zur Grauwackenzone.

Die karpathische Kuppel ist in eine Reihe von liegenden Falten geworfen. Wir kennen nur die obersten drei, die Wechsel-, die Kirchberg- und die Tachenbergdecke.

Im Grenzraume von Helvetisch und Karpathisch ist in diesem Profile das Wiener Becken eingesunken. Eine Scholle ist in der Tiefe niedergebrochen. Weiter nordwärts verbreitert sich dieses Einbruchsfeld und reicht von der karpathischen Zone bis zum Flysch.

Im westlichen Sammelprofil sind **zwei Linien** heute besonders geologisch aktiv. Die eine ist die — sagen wir — karpathische Linie, an der der Wechselstock sich vor- und aufwärts schiebt. Diese karpathische Linie zieht unter dem Mürztal fort gegen Leoben. Gegen Osten ist sie auf der Nordseite der Karpathen bis Sillein, bis an die Tatra zu verfolgen. An dieser Leoben-Silleiner Linie häufen sich Erdbeben. (Mürzlinie von E. Sueß.)

Die zweite bedeutungsvolle Linie ist die der Grenze vom Vorland und der helvetischen Zone. Diese (erste) „helvetische Linie" ist zeitweise recht beweglich. Die Flyschzonen rücken auf dieser Fläche nordwärts vor. Vielleicht hängen damit die großen Erdbeben vom Alpenaußenrand (Neulengbach) zusammen.

Eine weitere bedeutungsvolle Erscheinung des Untergrundes ist die Aufstauung des helvetischen Gebirges und seine Zusammenschiebung durch den karpathischen Block. Dadurch entsteht die **helvetische Aufragung** (in der Tiefe). Sie ist in der flachen Lagerung der Kalkalpen zu erkennen. Vor allem aber aus dem Schwereprofil.

In der Wechselkuppel kommt infolge ihrer Aufwölbung die auf das Pendel wirkende Zone näher der Oberfläche. Sie wirkt stärker auf dieses ein. So ist hier die Schwere größer. Es ist ein Überschuß, ein Plus[1]) an Schwere da. Im Semmeringgebiet dagegen ist die Schwere geringer als normal. Die helvetisch-karpathische Scherfläche legt die wirkende Zone tiefer. Hier setzt auch der Einbruch des Wiener Beckens ein. So ist Gloggnitz und Wiener Neustadt negativ. Die helvetische Kuppel zeigt dagegen wieder als Aufragung Massenüberschuß. Vielleicht ist deswegen Payerbach wieder positiv.

Bei dieser Gelegenheit wollen wir kurz die **Schwereverhältnisse des ganzen Gebietes** kurz betrachten. Das ganze Vorland zeigt zu große Schwere. Schwerere alte Gesteine kommen in der böhmischen Masse nahe an die Oberfläche. Das gleiche ist in der karpathischen Zone der Fall. Wie die Karte lehrt, sind diese durch v. Sterneck und andere gemessenen Zonen positiv. Am Neusiedler See beginnt eine kleine negative Zone. Hier sinkt die Aufwölbung wieder in die Tiefe. Ähnliches ist auch im Wiener Becken der Fall. Die Stationen der Mitte sind negativ von Orth bis Gloggnitz. Alle diese Stationen bilden eine Einheit.

Eine Einheit sind vielleicht auch die positiven Stationen am Beckenrande von Mödling bis Payerbach. Wenn das der Fall ist, dann käme vielleicht längs der „Thermenlinie" der Untergrund näher. Der Beckenrand ist hier aufgewölbt. Das wurde schon aus morpho-

---

[1]) Vielleicht spielt da auch der Vulkanismus mit, der im Pauliberg (nord von Kirchschlag) zu einer jungmiozänen Eruption geführt hat.

logischen Gründen geschlossen. Für alle Fälle käme aber die Thermenlinie im Schwerebilde der Bouguerschen Anomalien zum Ausdruck.

Die Kalkalpenzone ist infolge ihrer Muldenlage wieder eine Region, in der die wirkende Kraft tiefer läge. So erscheinen wieder negative Werte (Gutenstein, Gaaden). Die Grenze von Kalkalpen und Flysch ist die ungefähre Grenze der Normalschwere. Jenseits der Linie liegt der Massenüberschuß des Vorlandes.

Es soll hier erwähnt werden, daß Koßmat und Kautsky sich in letzter Zeit mit den Schwereverhältnissen des Wiener Beckens befaßt haben und dabei zu anderen Anschauungen gelangt sind. So glaubt Kautsky, daß die Schwerezonen nicht im Streichen der Alpen liegen, wie das hier vertreten wird, sondern quer darauf. So soll eine Schwere antiklinal quer durch das Wiener Becken gehen, das Vorland und die karpathische Zone verbindend (über Alland, Mödling, Traiskirchen nach Unter-Waltersdorf, Purbach).

Diese Anordnung der Linien ist aber nicht sehr wahrscheinlich. Um die Verhältnisse zu prüfen, habe ich in letzter Zeit den Vorschlag gemacht, einige geeignete Stationen daraufhin zu messen. So dürfte die nächste Zeit Aufklärung bringen. Diese ist in theoretischer, wie in praktischer Hinsicht von Bedeutung.

Mit diesen Fragen hängen auch die Anschauungen über **Untergrundverhältnisse des Wiener Beckens** zusammen. Die Karte sagt, daß in der Beckentiefe die einzelnen Zonen liegen müssen, die an der Thermenlinie absinken. Doch ist in den Kleinen Karpathen die Grauwacken- und die Kalkhochalpenzone nicht mehr vorhanden. Dies wurde früher auseinandergesetzt und gesagt, daß diese Zonen zurückgeblieben sind. Dieses Zurückbleiben muß sich in der Region des Wiener Beckens vollzogen haben. So dürften gegen die Donau zu die beiden Zonen in der Tiefe nicht vorhanden sein.

Aber auch die Kalkhochalpen heben gegen die Karpathen zu aus. So wird in der Tiefe des nördlichen Wiener Beckens der Übergang des alpinen Baues in den karpathischen vollzogen. Dies ist auch oberflächlich im deutlichen Hervortreten der Klippen, der Flyschrandzone, zu erkennen, ganz abgesehen vom karpathischen Streichen der Alpen bei Wien, ihrem Breiterwerden.

Dieses große, allgemeine gesetzmäßige Verhalten unseres Gebietes läßt es auch als wahrscheinlich erscheinen, daß der Bau der Tiefe hier der gleiche ist wie nord der Donau, wo das Wiener Becken eine Region mit zu geringer Schwere ist. Dann wird aber das ganze inneralpine Becken eine süd-nordstreichende Schweresynkline, sowie **das Becken** auch tektonisch als eine Art **Synkline** gedeutet werden kann.

Diese Gleichheit kommt auch im **seismischen Verhalten** zum Ausdruck. Von Leoben zieht durch das Mürztal über den Semmering,

Gloggnitz, das Wiener Becken eine Linie gegen Sillein, die seismisch sehr aktiv ist. An ihr liegen meist die Epizentren der großen Beben unseres Gebietes.

Die Großbeben liegen fast ganz im Raume der Leoben-Silleiner (der karpathischen) Linie. Auch der Außenrand ist seismisch aktiv.

Die böhmische Masse ist dagegen von Großbeben fast frei; desgleichen auch die Kalkzone. E. Sueß erkannte schon, daß die Erdbeben sich quer auf die Alpen weiter ausdehnen als im Streichen. So werden weit entfernt liegende Orte der böhmische Masse erschüttert, wenn in unserem Raume ein Großbeben stattfindet.

Große Erdbeben kennen wir von Neulengbach vom 15. September 1590, vom 3. Jänner 1873, vom 12. Juli 1875 und vom 28. Jänner 1895. Diese Erdbeben reichten im alpinen Raum bis Wien, Traiskirchen. Gegen Westen reichen sie gleichfalls nicht weit. Ganz anders ist die Ausdehnung gegen Norden. Da wird sogar noch Nordböhmen in Mitleidenschaft gezogen. Vielfach ist das Kamptal dabei auch stark erschüttert worden, desgleichen auch das Donauland um Kirchberg, Wagram, Feuersbrunn u. a.

Großbeben kennen wir ferner aus dem Leithagebirge vom 28. September 1898, vom 11. Juli 1899, vom 19. Februar und vom 23. Februar 1908. Die Epizentra der Beben von 1898, von 1899 und von 1908 liegen im inneralpinen Becken, im Raume von Pottendorf, Landegg, Weigelsdorf und Mitterndorf. Sie zeigen eine starke Ausdehnung in der Richtung Wiener Neustadt—Schwadorf. Bei den Beben 1898 und 1899 traversiert die Erschütterung das Leithagebirge nur in der Südostrichtung. Das Beben von Breitenbrunn (19. Februar 1908) breitet sich sogar in das böhmische Massiv aus.

Auch im Wiener Neustädter Gebiet gibt es häufige Großbeben, so 1768, 1874. Die meisten Beben ereignen sich aber im Semmeringgebiet. Fast jedes Jahr treten hier Erdbeben ein. Aber diese Beben zeigen die Tendenz, sich gegen Südwesten in das Mürzgebiet nicht auszudehnen. Bei den drei Beben von 1905 und 1912 (zweimal), liegt das Epizentrum um Neunkirchen—Ternitz. Sonderbarerweise wird der Semmering nicht in Mitleidenschaft gezogen. Derselbe bildet auch bei anderen Beben eine scharfe Grenze, jenseits der die Erschütterungen fast nicht fortgepflanzt werden. Anders ist es in der Nordostrichtung. Doch auch hier nimmt die Bewegung rasch ab. Größere Beben gehen bis Wiener Neustadt. Dagegen dehnen sich die Semmeringbeben mit Vorliebe in Nordwest-Südostrichtung aus, so über Kirchberg—Trattenbach, über Reichenau, Puchberg, also längs unserer Otterlinie und der Fortsetzung.

Lokalbeben haben nach Kautsky eine andere Verteilung. Sie finden sich in allen Zonen und haben demnach in den Zonen selbst ihren

Grund. Es müssen also mehr lokale Ursachen sein, die die schwachen Lokalbeben auslösen.

Diese wenigen Beispiele mögen hier genügen. Kautsky hat vor kurzem eine Zusammenfassung der seismischen Erscheinungen der östlichen Ostalpen gegeben. Aus dieser Arbeit sind auch die vorstehenden Daten entnommen.

Bezüglich **der Deutung der Erdbeben** kommt Kautsky zum Schlusse, daß die Erdbeben in erster Linie mit der Verteilung der Schwere zusammenhängen. Er sagt: Wo große Schweredifferenzen (Schweregefälle) vorhanden sind, da liegen auch die Epizentra der großen Erdbeben. Große Schweregefälle finden sich naturgemäß in den alpinen Zonen, so besonders im Semmeringgebiet, im Leithagebirge. Darum sind hier auch die Großbeben. Die Schwerelinien zeigen nach Kautsky einen Verlauf quer auf die Alpen; das gleiche zeigen auch die Großbeben. So bestehe ein inniger Zusammenhang zwischen Erdbeben und der Verteilung der Schwere. Es sind in der Tiefe der Alpen transversale Verbiegungen, Antiklinalen und Synklinalen der Schwere vorhanden. In diesen laufen die Erdbeben. So wechseln sie nicht aus einer Synklinale in die andere. So geht das Erdbeben des Schweretroges von Gloggnitz (— 30) nicht in den des Mürztales (— 60), die durch eine Antiklinale des Semmerings (— 19) voneinander geschieden sind.

Schwere und Erdbeben hängen naturgemäß zusammen; denn die Schwere ist das Abbild der jungen Tektonik.

Wo labile tektonische Verhältnisse sind, da wird auch das Schwerebild diesen Zustand verraten. Doch scheint mir, daß das Primäre der Spannungszustand ist, der sich tektonisch auswirkt. So glaube ich, daß kein Grund vorhanden ist, diese alten wohlfundierten Anschauungen aufzugeben. Es wurde auch darauf hingewiesen, daß es unwahrscheinlich ist, daß die Schwerelinien quer auf die Alpen verlaufen.

Die Erdbeben sind die Auslösungen tektonischer Spannungen und wenn Gloggnitz ein besonderes seismisch aktives Gebiet ist, so kann man dies verstehen. Es liegt dort, wo die karpathische Linie und die Otterlinie sich kreuzen. Das südliche Wiener Becken ist in Senkung begriffen. Der Otter steigt. Das Kulturzentrum Gloggnitz ist der besonders feine Registrierapparat dieser Bewegungen.

Wir wollen zum Schlusse noch **einige Daten über Bodenschätze** anführen.

Altmiozäne **Kohlen** wurden in Hart bei Gloggnitz abgebaut. Die Förderung betrug 1923 35.047 Tonnen. Die pontischen Lignite von Zillingdorf ergaben 1923 34.238 Tonnen, während Neufeld-Zillingdorf 424.380 Tonnen 1923 lieferte. Neusiedl bei Berndorf hat eine Förderung von 55.475 Tonnen altmiozäner Kohle. An Gosaukohlen wurden in Grünbach-Höflein (1923) 118.520 Tonnen gefördert.

Um sich eine Vorstellung von **der wirtschaftlichen Bedeutung** dieser Bergbaue zu machen, sei erwähnt, daß das Gaswerk Wien 1923 355.778 Tonnen Kohle verbrauchte, das Elektrizitätswerk 700.563 Tonnen. Dabei förderte ganz Österreich im Jahre 1923 2,494.436 Tonnen Kohle. Dazu kommt noch die Einfuhr von 3,755.209 Tonnen Steinkohle, 865.010 Tonnen Braunkohle und 403.175 Tonnen Koks.

Die Lignite von Zillingdorf zeigen nach Waagen eine aufgeschlossene Kohlenmenge von 50 Millionen Tonnen. Sie haben einen durchschnittlichen Heizwert von 2850 Wärmeeinheiten. In den tieferen Flözen ist der kalorische Wert ein höherer und beträgt im Mittel 3267 Kalorien. In Zillingdorf stehen zwei Flöze im Abbau. Das hangende hat 4 bis 5 m Mächtigkeit, während das Hauptflöz durchwegs 10 m stark ist. Es schwillt aber stellenweise bis auf 20 m an.

Diese pontischen Kohlen gehen mehr oder weniger ununterbrochen durch das Wiener Becken durch und wurden auch in Sollenau in 45 bis 72 m abgebaut. Östlich des Sollenauer Bruches liegt das Flöz in 207 m Tiefe. Es wurde in Oberwaltersdorf erbohrt, dann auch in Leopoldsdorf, wo in der Tiefe von 300 m mehrere Flöze von 2 bis 3 m Dicke angetroffen worden sind.

Abbaufähige Kohlen existieren also in den verschiedensten Niveaus; so in der dritten und in der ersten Mediterranstufe. Hier finden sie sich in der Form der Braunkohlen. In der Oberkreide (von Grünbach) liegt Steinkohle. Nicht abbaufähige Kohle ist ferner aus Grestener Schichten bekannt. In Gresten selbst aber wird Grestener Kohle abgebaut. Schürfe auf Kohle zeigen die Lunzer Schichten (z. B. im Schwechattale bei Sattelbach). Die oberkarbonen Schiefer des Semmerings führen Graphitschiefer. Kohle ist hier nicht vorhanden.

Andere Bodenschätze sind im Gebiete des Wiener Beckens in Abbau, so in Grillenberg, das 1923 1780 q Spateisenstein förderte. Trattenbach bei Gloggnitz hat eine Jahresproduktion (pro 1923) von 2500 q Kupferkies (Mitt. österr. Bergbau, Wien 1924).

Im Semmeringgebiet wird Magnesit abgebaut, im Aspanger Rayon wird Talk gewonnen. Gips findet sich bei Schottwien, besonders bei Puchberg. Meist liegt Gips im Werfener Schiefer.

In jüngster Zeit hat sich besonders das Interesse der Frage zugewendet, ob im Wiener Becken **Öl** vorhanden wäre. Koch hat schon vor Jahren darauf hingewiesen, die „natürlichen Wässer und Kohlenwasserstoffe“ mit Hilfe von Tiefbohrungen zu heben. In der Tat hat das Wiener Becken eine so eigenartige Lage, daß es ein Hoffnungsgebiet geworden ist. Friedl hat in letzter Zeit die „Erdölfrage in Deutschösterreich“ erörtert und spricht sehr optimistisch vom Wiener Becken.

Erdölspuren sind in den vergangenen Jahren auch im Flyschgebiet gefunden worden. Der Außenrand der Alpen ist gleichfalls ein

Hoffnungsgebiet für Öl. Doch liegen die Verhältnisse nicht besonders günstig. Das Öl kam wahrscheinlich aus dem Schlier und wandert in die Flyschsandsteine und findet sich so in Galizien in der tiefsten Flyschdecke in Sandsteinen aufgespeichert. Diese tiefste Decke ist nach Friedl aber in unserem Gebiete ganz überschoben und von der höheren (der Außenzone) überdeckt. Daher liege die ölführende Zone in der Tiefe der Flyschzone. Im nördlichen Wiener Becken ist übrigens in Egbell Öl erbohrt worden. Es stammt hier aus dem Schlier des Wiener Beckens und findet sich in den sarmatischen Sandsteinen. Ähnliches wäre auch für die Umgebung von Wien zu erwarten.

Noch seien einige Worte über **die Thermen** unseres Gebietes gesagt. Sie treten an der Thermenlinie hervor, am Alpenrand und am Rande des Leithagebirges. Thermen sind: Baden, Leitha-Brodersdorf, Deutsch Altenburg, Vöslau, Fischau, Sauerbrunn, Meidling.

Davon sind Schwefelquellen: Baden ist mit 35,7 bis 27° C eine geschwefelte kochsalzige Gipstherme. Deutsch Altenburg ist mit 23,9° C eine geschwefelte gipsige Kochsalzquelle. Leitha-Brodersdorf führt noch Brom und Jod mit und hat eine Temperatur von 23,9° C. Das Pfannsche Mineralbad in Meidling ist eine geschwefelte, magnesitische Gipsquelle. Fischau (21,0° C) ist eine einfache, warme magnesitische Kalkquelle, während Vöslau (23,7° C) eine bittersalzige Kalkquelle ist.

Rückblick. Die Geschichte unserer Landschaft zeigt ein eigenartiges Bild. Wir sehen, wie im Laufe der Zeit aus der Geosynklinale das heutige Gebirge wird. Eine plastische Erdzone erstarrt. Dabei zeigt sie seit langer Zeit eine Bewegung gegen und auf das Vorland zu. Seit der Oberkreide können wir die Bewegung aufs deutlichste verfolgen. Sie ist heute noch nicht erloschen. Die Alpen setzen ihren Marsch nach Norden fort.

So sind Bewegungen von Süden gegen Norden entscheidend für den Aufbau unserer Landschaft. Die großen mediterranen Linien erkennen wir auch in der Grenzführung der verschiedenen alpinen Zonen. Diese Linien zeigen uns den Verlauf der großen Orogenesen, den Deckenbau.

Dazu kommt noch ein jüngerer Bau, der vielfach auch transversale Dislokationen fördert, der die Alpen und unsere Landschaft in die Höhe baut, die Schollenbildung verursacht. Es ist die Epirogenese. Doch auch sie baut in mediterraner Richtung. Von dieser hängen die großen Längstäler ab. Vielfach erscheinen die radialen Bewegungen als orogene Nachläufer.

Gegenüber der Bewegung von Süden gegen Norden ist die atlantische Richtung von Osten gegen Westen und umgekehrt von untergeordneter Bedeutung.

Endogene und exogene Kräfte arbeiten seit ältesten Zeiten an dem Werden unserer Landschaft. Diese ist wie ein Organismus geworden.

Sie ist auch **ein Organismus,** der lebt, sich verändert, sich erneuert, der auf alles Leben in ihm wirkt.

So ist auch der Mensch mit der Landschaft innig verwachsen. Er stammt aus ihr, aus der Scholle, die ihn ernährt und wachsen läßt. Das zeigt sich in der Kunst, in der Wissenschaft, im täglichen Leben.

Es sind wertvolle Schätze, die der Boden, die Landschaft dem Menschen gibt. Nicht allein die wirklichen faßbaren Bodenschätze, wie Eisen, Kohle oder Öl, soll der Mensch heben, auch alle die anderen, die bewußten und zum Teile noch unbewußten Energien und Kräfte und Schätze müssen gehoben, gefördert und sorgsam behütet und entwickelt werden.

Auf diesen physischen und psychischen Kräften, die der Boden der Heimat gibt, beruht die Individualität des Einzelnen, des Ganzen.

Eine herrliche Landschaft liegt vor den Toren Wiens. Tausende ziehen an freien schönen Tagen hinaus in die Wälder, hinauf auf die Berge und schauen von den Höhen das Häusermeer der Stadt, das Silberband der Donau, die fruchtbare Ebene, die grünen Wogen der Berge und immer wieder empfinden sie den Reiz und die Anmut der Landschaft mit den Augen und der Seele der Heimat.

Wundervoll ist diese **Sprache der Landschaft.** Lerne sie verstehen. Schaue und sehe, horche und höre still hin, wenn du hinaufsteigst auf die Höhe und die Fluren um dich versinken, trinke den Zauber der Heimat.

Aber auch der Forscher, der Geologe, wird sich noch viel bemühen müssen, wenn er die Sprache der Landschaft verstehen, ihr Werden erkennen will. Vor den Toren Wiens gelegen, bietet die Landschaft heute noch ebenso viele anregende Probleme und Aufgaben wie vor hundert Jahren, in der Zeit der Pioniere. Nur sind die Aufgaben der Zukunft andere als die der Vergangenheit. Und sie werden an den Forscher größere Anforderungen stellen als das bisher der Fall war. Dies verlangt aber eine gründliche Durchbildung. Freilich wird dies erst dann der Fall sein, wenn die Geologie, die Erdgeschichte, in Forschung und Lehre die Stellung einnehmen wird, die ihr gebührt.

11. Anhang

Literaturangaben

Es kann hier keine vollständige Literaturzusammenstellung folgen. Die ältere Literatur kann man in den Werken von E. Sueß, A. Bittner, D. Stur, F. X. Schaffer, C. Diener, Hoernes und Vetters finden.

Wir geben hier zuerst eine kurze Auslese der größeren Arbeiten über unser Gebiet. Dann folgt eine kurze Zusammenstellung der neueren Literatur.

A. Zusammenfassende Arbeiten

1831. Jacquin J., Freiherr v.: Die artesischen Brunnen in und um Wien. Nebst geognostischen Bemerkungen über dieselben, von P. Partsch.

1846. D'Orbigny A.: Foraminifères fossiles du bassin tertiaire de Vienne. Paris 1846.

1856. Hoernes M.: Die fossilen Mollusken des Tertiärbeckens von Wien. I. Bd. Abhandlungen der k. k. geologischen Reichsanstalt. III. Bd. und Bd. IV (1870).

1862. Sueß E.: Der Boden der Stadt Wien.

1866. Sueß E.: Untersuchungen über den Charakter der österreichischen Tertiärablagerungen. Sitzungsberichte der k. k. Akademie der Wissenschaften. Wien.

1873. Sueß E.: Erdbeben Niederösterreichs. Denkschriften der k. k. Akademie der Wissenschaften. XXXIII. Bd. Wien 1873.

1876. Peters C. F.: Die Donau und ihr Gebiet.

1877. Karrer F.: Geologie der Kaiser Franz Josef-Hochquellenwasserleitung. Abhandlungen der k. k. geologischen Reichsanstalt. IX. Bd. Wien.

1879—1891. Hoernes R. und M. Auinger: Die Gastropoden der Meeresablagerungen der ersten und zweiten miozänen Mediterranstufe. Abhandlungen der k. k. geologischen Reichsanstalt. XII. Bd.

1882. Bittner A.: Die geologischen Verhältnisse von Hernstein in Niederösterreich und der weiteren Umgebung. Aus M. A. Becker: Hernstein.

1889. Geyer G.: Beiträge zur Geologie der Mürztaler Kalkalpen und des Wiener Schneeberges. Jahrbuch der k. k. geologischen Reichsanstalt. Wien 1889.

1897. Sueß E.: Der Boden der Stadt Wien und sein Relief. I. Bd. Geschichte der Stadt Wien.

1898. Paul C. M.: Der Wienerwald. Jahrbuch der k. k. geologischen Reichsanstalt. 1898.

1901. Grund A.: Die Veränderungen der Topographie im Wienerwalde und im Wiener Becken. Geographische Abhandlung. Bd. VIII.

1903. Sueß E.: Bau und Bild Österreichs, und zwar: F. E. Sueß, Bau und Bild der böhmischen Masse, C. Diener, Bau und Bild der Ostalpen und des Karstgebietes, und R. Hoernes, Bau und Bild der Ebenen Österreichs.

1905. Hassinger H.: Geomorphologische Studien aus dem inneralpinen Wiener Becken und seinem Randgebirge. Geographische Abhandlung. Bd. VIII.

1907. Koch A. G.: Über einige der ältesten und jüngsten artesischen Bohrungen im Tertiärbecken von Wien. Wien 1907.

1910. Vetters H.: Die geologischen Verhältnisse der weiteren Umgebung Wiens. Mit einer geologisch-tektonischen Übersichtskarte.

1911. Sueß E.: Die Donau.

1912. Kleb M.: Das Wiener Neustädter Steinfeld. Untersuchungen des prädiluvialen Reliefs und der Grundwasserverhältnisse. Geographischer Jahresbericht aus Österreich. X. Jahrgang.

1912. Kober L.: Der Deckenbau der östlichen Nordalpen. Denkschrift der k. k. Akademie der Wissenschaften. Wien 1912.

Kober L.: Über Bau und Entstehung der Ostalpen. Mitteilungen der geologischen Gesellschaft. Wien 1912.

Sueß F. E.: Die moravischen Fenster. Denkschrift der k. k. Akademie der Wissenschaften. Bd. 78. Wien.

Walentin J. A.: Exkursionsbuch. Wien 1913.

1914. Becke F.: Das niederösterreichische Waldviertel. Tschermaks Mitteilungen 32. Wien 1914.

1918. Hassinger H.: Beiträge zur Physiogeographie des inneralpinen Wiener Beckens mit seiner Umrahmung. Bibliothek der geographischen Jahrbücher. N. F. Festband. A. Penck. Stuttgart 1918.

1923. Kober L.: Bau und Entstehung der Alpen. Bornträger. Berlin 1923.

1923. Zur Geographie des Wiener Beckens, Prof. F. Heiderich zum 60. Geburtstage gewidmet von Freunden und Schülern. Seidel und Sohn. Wien 1923.

Slanar H.: Grenzen und Formenschatz des Wiener Beckens.

Sölch J.: Das Semmeringproblem. Eine geomorphologische Betrachtung.

Waagen L.: Die Bergbaue des Wiener Beckens. Nutz- und Baugesteine.

1924. Wien, sein Boden und seine Geschichte. Herausgegeben von O. Abel und mit Beiträgen von C. Diener, F. E. Sueß, O. Abel, F. Becke u.a.

1924. Petraschek W.: Kohlengeologie der österreichischen Teilstaaten. Teil I: 212 Seiten, mit Abbildungen und 6 (einfarbigen) Tafeln und Teil II.

1924. K. Diem, J. Knett und H. Schroetter: Karte der Mineralquellen und Kurorte Österreichs.

1924. Knett J.: Die geologischen und chemischen Verhältnisse der Heilquellen Österreichs.

1925. Waldmann E.: Das Waldviertel. Erdgeschichte. Deutsches Vaterland. Österreichische Zeitschrift für Heimat und Volk. 4. und 5. Bogen. Hier Literaturverzeichnis.

B. Wichtigere neue Detailarbeiten

Amon R. und Trauth F.: Der Lainzer Tiergarten einst und jetzt. Wien 1923.

Ampferer O.: Geologische Untersuchungen über die exotischen Gerölle und die Tektonik der niederösterreichischen Gosauablagerungen. Denkschrift der k. k. Akademie der Wissenschaften. Wien 1918.

Baedeker D.: Zur Morphologie der Gruppe der Schneebergalpen. Deutike. Wien 1922.

Friedl K.: Stratigraphie und Tektonik der Flyschzone des östlichen Wienerwaldes. Mitteilungen der geologischen Gesellschaft. Bd. XIII. Mit einer geologischen Karte. Wien 1920.

Friedl K.: Über die Beziehungen der nordalpinen zur karpathischen Flyschzone. Verhandlungen der geologischen Bundesanstalt. Wien 1922.

Friedl K.: Die Erdölfrage in Deutschösterreich. Zeitschrift des internationalen Verbandes der Bohringenieure etc. Bd. XXXII. Wien 1924.

Götzinger G.: Das Alpenrandprofil von Königstetten. Allgemeine österreichische Chem.- und Techniker-Zeitung Nr. 16. Wien 1925.

Götzinger G.: Zur Frage des Alters der östlichen Kalkhochalpen. Mitteilungen der geographischen Gesellschaft. Wien 1913.

Götzinger G. und Vetters H.: Der Alpenrand zwischen Neulengbach und Kogel. Jahrbuch der geologischen Bundesanstalt. Heft 12. Wien 1923.

Grengg R.: Über einen Lagergang von Pikrit im Flysch beim Steinhof. Verhandlungen der k. k. geologischen Reichsanstalt. Wien 1914.

Hassinger Hugo: Beiträge zur Physiogeographie des inneralpinen Wiener Beckens etc. Bibliothek des geographischen Handbuches. N. F. Festband. Alb. Penck. Stuttgart 1918.

Jäger R.: Grundzüge einer stratigraphischen Gliederung der Flyschbildungen des Wienerwaldes. Mitteilungen der geologischen Gesellschaft. Wien 1914.

Kober L.: Über die Tektonik der südlichen Vorlagen des Schneeberges und der Rax. Mitteilungen der geologischen Gesellschaft. Wien 1909.

Kober L.: Über Bau und Oberflächenform der östlichen Kalkalpen. Mitteilungen nat. Ver. Univ. Wien 1911.

Kober L.: Untersuchungen über den Aufbau der Voralpen am Rande des Wiener Beckens. Mitteilungen der geologischen Gesellschaft. Wien 1911.

Kober L.: Bau und Entstehung der Ostalpen. Mitteilungen der geologischen Gesellschaft. Wien 1912.

Kober L.: Die geologische Deutung der Schweremessungen im Wiener Becken. Monatschrift für öffentlichen Baudienst. Seite 32. Wien 1923.

Koch G. A.: Über einige der ältesten und jüngsten artesischen Bohrungen im Tertiärbecken von Wien. 1907.

Kohn V.: Geologische Beschreibung des Waschbergzuges. Mitteilungen der geologischen Gesellschaft. Wien 1911.

Mohr H.: Zur Tektonik und Stratigraphie der Grauwackenzone. Mitteilungen der geologischen Gesellschaft. Mit einer geologischen Karte. Wien 1910.

Mohr H.: Versuch einer tektonischen Auflösung des Nordostsporns der Zentralalpen. Denkschrift der k. k. Akademie der Wissenschaften. Mit einer tektonischen Karte. Wien 1912.

Mohr H.: Geologie der Wechselbahn. Denkschrift der k. k. Akademie der Wissenschaften. Wien 1913.

Mohr H.: Ist das Wechselfenster ostalpin? Graz 1919.

Mohr H.: Das Gebirge um Vöstenhof bei Ternitz. Denkschrift der Akademie der Wissenschaften. Wien 1922.

Nowack E.: Studien am Südrande der böhmischen Masse. Verhandlungen der geologischen Bundesanstalt. Wien 1921.

Österreich K.: Ein alpines Längstal zur Tertiärzeit. Jahrbuch der k. k. geologischen Reichsanstalt. Band XLIX, 165 Seiten. Wien 1899.

Petraschek W.: Die miozäne Schichtfolge am Fuße der Ostalpen. Verhandlungen der k. k. geologischen Reichsanstalt. Wien 1916.

Petraschek W.: Zur Frage des Waschberges etc. Verhandlungen der k. k. geologischen Reichsanstalt. Wien 1914.

Petraschek W.: Der geologische Bau des Wiener Beckens. Österreichische Monatschrift für öffentlichen Baudienst. Wien 1924.

Schaffer F. X.: Geologischer Führer für Exkursionen im Wiener Becken. In „Sammlung geologischer Führer", von Bornträger.

Spitz A.: Der Höllensteinzug bei Wien. Mitteilungen der geologischen Gesellschaft. Mit einer geologischen Karte. Wien 1910.

Spitz A.: Die nördlichen Kalkketten zwischen Mödling- und Triestingbach. Mitteilungen der geologischen Gesellschaft. Mit einer geologischen Karte. Wien 1919.

Trauth F.: Über die Stellung der pieninischen Klippenzone. Mitteilungen der geologischen Gesellschaft. Bd. XIV. Wien 1921.

V. Uhlig: Über die Tektonik der Karpathen. Sitzung der k. k. Akademie der Wissenschaften. Wien 1907.

Vetters H.: Zur Altersfrage der Braunkohle von Starzing und Hagenau in Niederösterreich. Verhandlungen der geologischen Bundesanstalt. Wien 1922.

Winkler A.: Über die Beziehung zwischen Sedimentation, Tektonik und Morphologie in der jungtertiären Entwicklungsgeschichte der Ostalpen. Sitzungsberichte der Akademie der Wissenschaften. Wien 1924.

Orts- und Sachverzeichnis

Ein + -Zeichen bedeutet eine Abbildung, ein × -Zeichen ein Profil und ein §-Zeichen eine Karte im Texte.

Übersicht über die großen

					Böhmische Masse und Vorland		
Jüngere geologische Zeit	Gegenwart				Keine wesentliche Dislokation mehr		
	Känozoikum	Quartär		Jung-		Schotter	
				Alt-		Erscheinen der alpinen Donau	
		Tertiär	Jungtertiär	Pliozän		Böhmische Donau	
				Miozän		Molassebildung	
			Alttertiär	Oligozän			
				Eozän			
	Mesozoikum	Kreide		Ober-	Seit dem Perm Festland		Keine Schichten des Mesozoikum, des Alttertiär
				Unter-			
		Jura		Ober- Malm			
				Mittel- Dogger			
				Unter- Lias			
		Trias		Ober-			
				Mittel-			
				Unter-			
	Paläozoikum	Perm			Kontinentales Perm bei Zöbing		
		Karbon			Tiefe Erosion, Erstarrung		
		Devon			Entstehung der jungpaläozoischen variszischen Gebirge, damit der böhmischen Masse		
		Silur			(Grauwackenmeer)		
		Ordovic			Paläozoische Geosynklinale		
		Kambrium			(pal. Tethys)		
Ältere geologische Zeit	Archäikum Proterozoikum	Proterozoikum			Bildung des alten kristallinen Grundgebirges der böhmischen Masse und der Zentralalpen, wenigstens größtenteils		
		Archäikum					

Ereignisse in unserer Landschaft

Alpine Zone						
Alpiden	Entstehung der heutigen Landschaft · Eiszeit · Die Alpen werden hauptsächlich gehoben, in Schollen zerlegt		Gebirge	Epirogenese	Gebirgsbildung, Erstarrung	Die zyklische Entwicklung, der periodische Aktualismus, tritt in der alpinen Region deutlich hervor
	Wiener Becken · Wiener Becken · Das Meer verschwindet · Molassemeer · Basalte am Pauliberg · Gebirgsbildung Molassebildung Gebirgsbildung Flyschbildung · Große Gebirgsbildung der Oberkreide, Gosaualpen	Flyschmeer		Orogenese		
Meso-Tethys	Kalkalpenmeer · Alpine Geosynklinale der Tethys, Sedimentation von der Trias bis in die Unterkreide · Neues Einbrechen, Meeresbildung		Meer	Oro-, Epirogenese	Geosynklinalbildung	
Paläoiden	Tiefe Abtragung · Grauwackengebirge · (Grauwackenzone)		Gebirge		Gebirgsbildung	
Paläo-Tethys	Grauwackenmeer		Meer		Geosynklinalbildung	
Altes Grundgebirge						

Ereignisse des

Quartär	Alluvium	Jungalluvium	Metallzeit			Jüngere Eisenzeit (La Têne), um 500 v. Ch.	
						Ältere Eisenzeit (Hallstätter Zeit), von 1000 v. Ch.—500 (Pfahlbau, jüngerer)	
						Bronzezeit, 2000 v. Ch.—1000	
						Kupferzeit, 2500 v. Ch.—2000	
		Altalluvium	Neolithikum			Spätneolithikum (Pfahlbau), 3000—2500	
						Litorinazeit Vollneolithikum, von 5000—3000	
						Frühneolithikum, 13.000—5000 Campignien	
	Diluvium	Postglazial	Paläolithikum	Jungpaläolithikum	Postglazial	Übergang Daunstadium, Ancyluszeit. Azilien	
						Gschnitzstadium, Yoldiazeit, 25.000 Jahre	Magdalénien
		Jung-			IV. Eiszeit	Spätglazial, Bühlstadium, Magdalénien	
						Hochglazial, Solutréen- vor 50.000 Jahren, Aurignacien-	Kultur
						4. Würm-Eiszeit, Frühglazial, 100.000 Jahre Moustier (kalt)	
				Altpaläolithikum		3. Letztes Interglazial, 200.000 Jahre Riß-Würm-Interglazial, Moustier (warm)	
		Mittel-				III. Riß-Eiszeit, vor 300.000 Jahren, Acheul-Stufe	
						2. (Vorletzte) große Interglazialzeit Mindel-Riß-Interglazial, vor 400.000 Jahren, Chelles	
		Alt-				II. Mindel-Eiszeit, Praechelles	
						1. Interglazial, Günz-Mindel-Interglazial	
						I. Günz-Eiszeit, Schneegrenze 1300 m tiefer	

Quartär

Funde bekannt	Keine wesentlichen Dislokationen mehr
Jungpaläolithische Station von Willendorf bei Krems. Blütezeit der jungpaläolithischen Steinindustrie. (Venus von Willendorf)	
Niederterrasse, 5—8 m über der Donau, Praterterrasse. Moränenwall der breiten Ries oberhalb des Schneebergdörfels. Aufschüttung	Echte alpine Donau. Hebung im Bisamberggebiet. Einschneiden der Donau, später hauptsächlich Erosion mit Aufschüttung von Schottern (40 m) Fauna der Eiszeit
Erosion	
Hochterrasse, 10—15 m über der Donau, Stadtterrasse. Diluviale Schotter des Steinfeldes. Erosion	
(Höttinger Brekzie). Gehängebrekzie der Rax, Aufschüttung, Dislokationen, beträchtliche Erosion, später tiefe Verschüttung der Alpen. Schotterkegel der Schwarza, der Schwechat, der Piesting etc. Hebung	
Jüngerer Deckenschotter, 20 m über der Donau, östlich des Bisamberges. Ältere diluviale Schotter des Wiener Beckens. Aufschüttung	
Erosion	
Älterer Deckenschotter, 30—40 m über der Donau, des Wagrams und östlich des Bisamberges. Erosion und Aufschüttung des Bisambergschotters?	

Übersicht über die Schichten und Ereignisse

					Inneralpines Becken von Wien	
Jungtertiär oder Neogen	Pliozän	Ober-	III. Mediterran	Levantin oder Arnian	Hebung? Donauschotter des Bisamberges in 200 m Höhe über der Donau Lücke? Erosion?	
					Belvedereschotter der Arsenalterrasse, 50 m, über der heutigen Donau. Laaerbergterrasse, 100 m über der Donau	Senkung im Wiener Becken, Einschneiden der Donau und Aufschotterung von Quarzschottern, 100 m über der Donau
		Mittel-		Thrakisch oder Astian	Rohrbacher Konglomerat Erosion	
					Diskordanz Paludinentegelsande mit Unio atavus, Paludina vivipara und Süßwasserkalken, 300 m Diskordanz	Dislokationen, Hebung der Alpen Kalkwassertümpel Verlandung und Versandung
		Unter-		Pontisch oder Piacentian	Kongerientegel, oben mit Lignitflözen, von Zillingdorf, Neufeld, Lanzendorf. Obere Kong.T. mit C. subglobosa, untere Kong. T. mit C. Partschi, bis 800 m Erosion, Diskordanz Mäotische Stufe	Großer Süßwassersee 3. Transgression Einbruch
	Miozän	Ober-	II. Mediterran	Sarmat	Sarmatische Sande, Tegel, Kalke (Cerithienschichten), 400 m Diskordanz? Erosion	Brackischer Binnensee Verlandung Hebung?
		Mittel-		Torton Vindobon	Tegel von Baden, Mergel von Gainfarn, Pötzleinsdorfer Sande, Konglomerate bis 600 m Diskordanz	Einbruch des Meeres 2. Transgression Einbruch des Beckens
				Helvet Vindobon	Grunderschichten von Mauer bei Wien Diskordanz (Schlier?)	Verlandung Große Gebirgsbildung in den Alpen
		Unter-	I. Mediterran	Burdigal	Schlierbildungen von Walbersdorf, von Theben-Neudorf? Diskordanz	Einbruch des Meeres 1. Transgression Vertiefung
				Aquitan	Süßwasserschichten, Sande und Konglomerate mit Ligniten, Hart bei Gloggnitz, Pitten, bis 200 m	Langsames Einbrechen Die Alpen ein Hügelland

im Wiener Becken im Jungtertiär

	Vorlandmolassezone	
Zweite Säugetierfauna des Wiener Beckens wanderte aus Asien ein. Longirostris- oder Pikermifauna, Hipparion gracile etc. Elephas planifrons cf. Borsoni vom Laaerberg	Im allgemeinen Festland, das gleich hoch oder höher liegt als die Alpen. Im Pliozän fließen Flüsse von der böhmischen Masse in die Alpen und schütten die Belvedereschotter auf. Im obersten Pliocän scheint die Donau bereits die Bisambergschotter abzulagern	
Erste Säugetierfauna des Wiener Beckens, Angustidensfauna	Oncophorasande	Schlier?
	Schlier bis 1000 m mächtig Melker Sande	
	Buchbergkonglomerat Kohleführende Schichten Tegel von Pielach (Oligocän?)	

Erklärung zu Profil 1

Wir verqueren das Profil von Norden gegen Süden und treffen zuerst die kristallinen Gesteine *bk* der böhmischen Masse *B*. Auf das Kristallin legt sich das Jungtertiär des außeralpinen Beckens, der Molassezone. Basal liegen kohleführende Schichten, dann folgt der Schlier der ersten Mediterranstufe m_1. Er dürfte aber auch den unteren Teil der zweiten Mediterranstufe umfassen, auf dem dann die Oncophoraschichten m_2 liegen. Die Donauebene selbst ist oberflächlich von diluvialen Schottern *d* erfüllt. Der Schlier ist leicht gefaltet. In welcher Tiefe das Grundgebirge liegt, ist nicht bekannt. Die Bohrung bei Kapelln ist in 743 m Tiefe im Schlier geblieben. Unbekannt ist auch der Bau des kristallinen Untergrundes; er ist im Profile schematisiert *M*.

An der Grenze der Molasse- mit der Flyschzone kommen wir an die Blockzone *b*. Es ist das die Schuppenzone, in der Schlier, Melker Sande, Buchbergkonglomerat und Flysch wiederholt südfallend wechseln. Diese Grenze ist jedenfalls auch in der Tiefe markiert. Man könnte annehmen, daß hier das Grundgebirge bereits in den alpinen Bau einbezogen ist. An der Linie E_1 scheinen die Alpen vorwärtszurücken. Damit könnte man die (starken) Erdbeben an der Alpengrenze (bei Neulengbach) verstehen. So wäre die E_1-Linie eine (äußere) Erdbebenlinie, die auch in der Gegenwart tätig ist. Es ist ganz unbekannt, wie weit etwa an der Alpengrenze die Molasse überschoben ist.

Wir kommen nun in die Flyschzone, die hier in eine äußere (fl_1) und eine innere (fl_2) geschieden ist. Vielleicht liegen an der Grenze beider Einheiten mesozoische Klippen (*hkl?*). Am Außenrande des Flysches treffen wir zuerst das Neokom, weiter einwärts kommen wir in Oberkreide und in das Eozän. Diese Glieder sind im Profil nicht auseinandergehalten. Gegen die Kalkalpen zu haben wir die Grestener Schichten *Kgr* zu erwarten. Im Profile an der Enns ist die Schichtfolge typisch entwickelt und zeigt die liasischen kohleführenden Grestener Schichten transgressiv auf Granit. Hier fehlt also jede Trias. Diese Zone muß wahrscheinlich von dem Kristallin H_3 abgeleitet werden, während fl_1 und fl_2 mit dem Kristallin H_1 und H_2 in Verbindung gebracht werden können. Die hier angenommenen Teilungen des Kristallins sind deshalb notwendig und wahrscheinlich, weil damit der Zusammenschub des Flysches erklärt werden kann. Auch scheint es, wie wenn die Granite der Grestener Zone nur losgelöste und fortgeschleifte Trümmer des ultrahelvetischen Kristallins H_3 wären.

Mit diesen Granitklippen kommen wir in die eigentliche Klippenzone der Ostalpen, die an der Grenze von Flysch und Kalkalpen liegt. Es ist die innere Klippenzone, die helvetische Elemente enthält, eben die Grestener Klippen, aber auch echte ostalpine Teile. Diese sind im Profile gleichfalls schematisch wiedergegeben, und zwar bezeichnet *go* die Oberkreide (Gosau) der Klippen *Klo*, die hauptsächlich aus Oberjura und Neokom bestehen. Mit diesen Klippen ist die Kieselkalkzone eng verbunden, die im Profile nicht aufgenommen erscheint. Die Klippen sind Schuppen und gehen jedenfalls weit unter die Kalkalpen hinein und liegen, im großen genommen, vielleicht verkehrt.

Die Kalkalpen beginnen typisch mit der Frankenfelser Decke *Fr*, die aus Hauptdolomit, Jura und Neokom besteht. Die flyschähnliche Gosau *Go* liegt transgressiv und bildet die synklinale Grenze gegen die nächste, die Lunzer Decke *Lu*. Sie baut sich gleichfalls aus Hauptdolomit-Jura, und Neokom und transgressiver Gosau auf und fällt unter die nächste kalkalpine Einheit, die Ötscher Decke *Öt*. Das Profil zeigt, daß diese Decke mächtig entwickelt ist, die Hauptkette der Kalkvoralpen aufbaut, aus der ganzen Trias, aus Jura, Neokom und Gosau besteht. Alle Schichten sind typisch kalkalpin entwickelt. Die Tektonik ist kompliziert, zeigt drei Schuppen, die in sich gefaltet sind. Dabei bedeutet *mu* die Schichtfolge vom Werfener Schiefer bis etwa in den Lunzer Sandstein. *tn* umfaßt alle Schichten vom Hauptdolomit bis in das Neokom.

Nun kommen wir in die Zone der Kalkhochalpen. Die Ötscher Decke zieht unter der Decke des Schneeberges, die im Profile schematisiert ist (dabei bedeutet *mu* die untere Trias und *t* den Schneebergkalk), durch, erscheint im Fenster des Hengsts und in Schuppen noch in der Rauhwackenzone auf der Südseite der Kalkalpen bei Payerbach (Werninggraben). Eine Hallstätter und hochalpine Decke ist nicht ausgeschieden. Das würde bei dem Maßstabe ein unklares Bild geben.

Die nächste Zone ist nun die Grauwackenzone. Sie besteht aus den paläozoischen Schiefern *p* und dem Vöstenhofer Kristallin *ok*, das wahrscheinlich wie ein Keil in der Grauwackenzone liegt. Diese zieht jedenfalls unter die Kalkalpen gegen Norden hinein; wie weit, ist nicht bekannt. Das Profil ist so konstruiert, daß die Grauwackenzone den Kern der Kalkalpendecken bildet. Die Grauwackenzone würde nach außenhin umhüllt von Werfener Schiefer und Muschelkalk *mu*, dann von den jüngeren Gliedern *tn*. Die ganze Randkette ginge aus den unter- (verkehrt-) liegenden Falten hervor; die Hauptkette bildet dagegen das in sich gefaltete Hangende der Grauwackenzone.

Nun folgt die karpathische Zone; das autochthone Gebirge kommt wieder an die Oberfläche. Ein ganz anderer Bau erscheint: der karpathische, wie er im Semmering so schön entwickelt ist. An der Oberfläche sehen wir die mesozoischen Schichten *m*, das karpathische Mesozoikum der Zentralalpen. Damit ist ein Kristallin *K* verbunden. Die Tektonik zeigt drei große Deckfalten, die von Süden gegen Norden vorgetrieben sind. Die tiefste ist die Wechseldecke K_1, dann folgen: die Kirchbergdecke K_2, die Tachenbergdecke K_3. In der Tiefe ist wahrscheinlich eine scharfe Grenzlinie E_2 anzunehmen, an der sich das karpathische vor- und aufwärts bewegt. Diese Linie scheint auch heute noch tätig und die Ursache der häufigen Erdbeben zu sein, die oberflächlich an der Mürzlinie zutage kommen. Es ist anzunehmen, daß das helvetische Grundgebirge unter der Grauwackenzone aufgewölbt ist. Dafür spricht die positive Schwereanomalie von Reichenau, die vier Bouguer-Einheiten beträgt. Von dieser helvetischen Kuppel geht es nordwärts allmählich in die Tiefe, in die weite Synklinale, in der die (ostalpine) Kalkalpenschubmasse liegt. Daher zeigt auch die Schwere bei Gutenstein ein Minus (— 20). Wahrscheinlich ist die Synklinale nicht tief. Sie scheidet sich aber scharf von der karpathischen Kuppel, die wieder positiv ist. Die E_2-Linie (innere Linie) ist im Schwerebild gleichfalls stark ausgesprochen. In sie fallen große negative Werte (Gloggnitz — 30, Semmering — 19).

Wir wissen nicht, welcher Art der Bau der karpathischen Zone in der Tiefe ist. Wir sehen nur, wie gegen Süden zu die karpathischen Kalke und ihr Kristallin unter ostalpines Deckengebirge einfallen. Dieses, soweit es aus Kristallin *ok* besteht, ist in der Gegend des Profiles noch nicht sicher abgegrenzt. Sicher zu erfassen ist dagegen das Paläozoikum *P*, das in der Schieferinsel von Bernstein das Kristallin überlagert. Man muß sich vorstellen, daß dieses Paläozoikum mit dem der Grauwackenzone im Zusammenhang gestanden hat. Auch das Vöstenhofer Kristallin *ok* wäre nur der Stirnteil des Kristallins, das mit seiner Hauptmasse süd der karpathischen Kuppel liegt.

Die Verhältnisse der Alpen lehren, daß unter dem ostalpinen Kristallin nochmals Paläozoikum *p* und Mesozoikum *t* zum Vorschein kommen und darunter erst die penninischen Decken *P*. Das ist in den Radstätter Tauern, in der Schieferhülle und im Zentralgneis der Hohen Tauern der Fall. So wurde im Profile diese Zone unter dem ostalpinen Gebirge und im Süden des karpathischen Gebirges liegend angenommen.

Am Pauliberg ist jungtertiärer Basalt bekannt. Es ist möglich, daß ungefähr an der so wichtigen Grenze von Karpathisch und Penninisch eine große Störungszone vorhanden ist, die auch jung wieder belebt worden und die eruptiv tätig war. Eine derartige Intrusion wäre der Ausläufer der großen vulkanischen Zone, die das alpin-karpathische Einbruchsfeld umsäumt. Diese schweren Intrusionen mußten auch das Schwerebild beeinflussen. So ist z. B. der Schwerewert von Purbach (+ 72) auffällig.

Erklärung zu Profil 2

Für dieses Profil gilt prinzipiell das von Profil 1 Gesagte. Im einzelnen bedeuten von Norden gegen Süden: m_3 = die pontischen (pliozänen) Schotter, *d* = diluviale Donauschotter, m_1 = Schlier, *Kb* = die Blockzone. Diese führt bei Königstetten Granite im Schlier, am Waschberg Granite im Eozän (äußere Klippenzone mit Granitgeröllen). *n* = Neokom und tieferes helvetisches Mesozoikum, *o* = Oberkreide, *e* = Eozän, *K* = Klippenzone (innere) mit Jura und Oberkreide (Gosau), *Fr* = Frankenfelser, *Lu* = Lunzer, *Öt* = Ötscher Decke, *tn* = Hauptdolomit, Jura und Neokom, *go* = Gosau, m_3 = pontische und jüngere Schichten mit Kohlen (die schwarzen Dreiecke), m_2 = 2. Mediterranstufe und möglicherweise ölführenden sarmatischen Schichten. Die schwarzen runden Kreise sollen die Ölführung anzeigen. m_1 = 1. Mediterranstufe mit den kohleführenden Süßwasserschichten. Die Kohleführung ist durch die Kreuze angedeutet. In der Tiefe des Wiener Beckens die Kalkalpenzone, und zwar die Schneebergzone *S*, die Grauwackenzone *p*. K_1, K_2, K_3 bezeichnen die kristallinen Teildecken des karpathischen Gebirges. *ti* = karpathisches Mesozoikum. Ostalpines Kristallin *ok*. Basalt?

Der Bau des Profiles 2 ist im einzelnen schon abgeändert; doch können wir annehmen, daß der allgemeine Bauplan in der Tiefe noch vorhanden ist, wie er auch an der Oberfläche tatsächlich existiert.

Additional material from *Geologie der Landschaft um Wien,*
ISBN 978-3-7091-9577-2, is available at http://extras.springer.com

Verlag von Julius Springer in Berlin W9

Die Naturwissenschaften

Herausgeben von **Arnold Berliner**

Unter besonderer Mitwirkung von Hans Spemann in Freiburg i. Br.
Organ der Gesellschaft Deutscher Naturforscher und Ärzte und
Organ der Kaiser Wilhelm-Gesellschaft zur Förderung der Wissenschaften.

Die Naturwissenschaften erscheinen wöchentlich und berichten über die Fortschritte der reinen und der angewandten Naturwissenschaften durch zuständige, auf dem jeweiligen Gebiete selber schöpferische Mitarbeiter. Die Verfasser wenden sich durch die Form ihrer Darstellung nicht in erster Linie an die eigenen Fachgenossen, sondern vor allem an die auf den Nachbargebieten Tätigen, um ihnen den Überblick über den Zusammenhang ihres eigenen Faches mit den angrenzenden Fächern zu vermitteln. Die dauernd fortschreitende Teilung der wissenschaftlichen Arbeit hat den Begriff des Grenzgebietes völlig verändert. Sie hat das Arbeitsfeld des einzelnen so eingeengt und die Grenzgebiete so vermehrt, daß für jeden die Notwendigkeit vorliegt, ihre Entwicklung zu verfolgen.

Preis vierteljährlich für das In- und Ausland 7.50 Reichsmark

Hierzu tritt bei direkter Zustellung durch den Verlag das Porto oder beim Bezuge durch die Post die postalische Bestellgebühr. Einzelheft 0.75 Reichsmark, zuzüglich Porto.

Als Ergänzung zu den „Naturwissenschaften" erscheint alljährlich:

Ergebnisse der exakten Naturwissenschaften

Herausgegeben von der Schriftleitung der „Naturwissenschaften"

Bisher sind erschienen:

I. Band 1922. 407 Seiten mit 35 Abbildungen. Gebunden 14 Reichsmark

Inhaltsübersicht:

Prager, Die Fortschritte der Astronomie im Jahre 1921. — **Thirring,** Die Relativitätstheorie. — **Hertz,** Statistische Mechanik. — **Grammel,** Neuere Untersuchungen über kritische Zustände rasch umlaufender Wellen. — **Eucken,** Der Nernstsche Wärmesatz. — **Henning,** Wärmestrahlung. — **Coehn,** Kontaktpotential. — **Bodenstein,** Chemische Kinetik. — **Bodenstein,** Photochemie. — **Auerbach,** Die neuen Wandlungen der Theorie der elektrolytischen Dissoziation. — **Laue,** Röntgenstrahlenspektroskopie. — **Johnson,** Fortschritte im Bereich der Kristallstruktur. — **Wentzel,** Fortschritte der Atom- und Spektraltheorie. — **Kratzer,** Stand der Theorie der Bandenspektren. — **Pringsheim,** Lichtelektrische Wirkung und Photoluminessenz. — **Paneth,** Das periodische System der chemischen Elemente.

Verlag von Julius Springer in Berlin W9

Ergebnisse der exakten Naturwissenschaften,

ferner:

II. Band. 1923. 256 Seiten mit 38 Abbildungen.
8.40 Reichsmark, geb. 9.65 Reichsmark.

Inhaltsübersicht:

Hopmann, Die Bewegungen der Fixsterne. — **Schnauder,** Entwicklung und Stand der Parallaxenforschung. — **Kopff,** Das Milchstraßensystem. — **Wanach,** Die Polhöhenschwankungen. — **Henning,** Erzeugung und Messung tiefer Temperaturen. — **Franck,** Neuere Erfahrungen über quantenhaften Energieaustausch bei Zusammenstößen von Atomen und Molekülen. — **Gerlach,** Magnetismus und Atombau. — **Landé,** Fortschritte beim Zeemaneffekt. — **Paneth,** Über das Element 72 (Hafnium). — **Masing** und **Polanyi,** Kaltreckung und Verfestigung. — Namenverzeichnis. Sachverzeichnis.

III. Band. 1924. 408 Seiten mit 100 Abbildungen.
18.— Reichsmark, geb. 19.20 Reichsmark.

Inhaltsübersicht:

Brill, Die Strahlung der Sterne. — **Hess,** Die Statistik der Leuchtkräfte der Sterne. — **Kienle,** Die astronomischen Prüfungen der allgemeinen Relativitätstheorie. — **Minkowski,** Über den Durchgang von Elektronen durch Atome. — **Laski,** Ultrarotforschung. — **Gudden,** Elektrizitätsleitung in kristallisierten Stoffen unter Ausschluß der Metalle. — **Meitner,** Der Zusammenhang zwischen β- und γ-Strahlen. — **Gerlach,** Atomstrahlen. — **Hückel,** Zur Theorie der Elektrolyte. — **Günther-Schulze,** Elektrische Ventile und Gleichrichter. — **Katz,** Quellung. I. Teil.

IV. Band. 1925. 346 Seiten mit 62 Abbildungen und 1 Tafel.
15.— Reichsmark, geb. 16.50 Reichsmark.

Inhaltsübersicht:

Stracke, Die kleinen Planeten. — **Prey,** Die Theorie der Isostasie, ihre Entwicklung und ihre Ergebnisse. — **Brunn,** Der empirische Zeitbegriff. — **Wehnelt,** Die Oxydkathoden und ihre praktischen Anwendungen. — **Heckmann,** Die Gittertheorie der festen Körper. — **Katz,** Die Quellung. II. Teil. — **Hanle,** Die magnetische Beeinflussung der Resonanzfluoreszenz. — **Strömgren,** Unsere Kenntnisse über die Bewegungsformen im Dreikörperproblem.

Die Bezieher der „Naturwissenschaften" erhalten die „Ergebnisse" zu einem um 10 % ermäßigten Vorzugspreis.

Naturwissenschaftliche Monographien und Lehrbücher

Herausgegeben von der Schriftleitung der „Naturwissenschaften".

Band I: **Allgemeine Erkenntnislehre.** Von Professor Dr. Moritz Schlick. Zweite Auflage. 385 Seiten. 1925.
18.— Reichsmark; gebunden 19.20 Reichsmark

Band II: **Die binokularen Instrumente.** Nach Quellen und bis zum Ausgang von 1910 bearbeitet von Prof. Dr. phil. Moritz v. Rohr, wissenschaftlichem Mitarbeiter der optischen Werkstätte von Carl Zeiss in Jena und a. o. Professor an der Universität Jena. Zweite, vermehrte und verbesserte Auflage. 320 Seiten mit 136 Textabbildungen. 1920.
8.— Reichsmark

Band III: **Die Relativitätstheorie Einsteins** und ihre physikalischen Grundlagen. Elementar dargestellt von Max Born. Dritte, verbesserte Auflage. 280 Seiten mit 135 Textabbildungen. 1922. Gebunden 10.— Reichsmark

Band IV: **Einführung in die Geophysik.** Von Prof. Dr. A. Prey, Prag, Prof. Dr. C. Mainka, Göttingen, Prof. Dr. E. Tams, Hamburg. 348 Seiten mit 82 Textabbildungen. 1922. 12.— Reichsmark

Band V: **Die Fernrohre und Entfernungsmesser.** Von Dr. phil. A. König, Beamten des Zeisswerkes in Jena. 215 Seiten mit 254 Abbildungen. 1923.
7.50 Reichsmark; geb. 9.50 Reichsmark

Band VI: **Krystalle und Röntgenstrahlen.** Von Dr. P. P. Ewald, Professor der theoretischen Physik an der Technischen Hochschule zu Stuttgart. 335 Seiten mit 189 Abbildungen. 1923. 25.— Reichsmark

Weitere Bände in Vorbereitung

Für die Bezieher der „Naturwissenschaften" 10% Ermäßigung.

Lehrbuch der Physik in elementarer Darstellung. Von Arnold Berliner. Dritte Auflage. Mit 734 Abbildungen. 655 Seiten. 1924.
Gebunden 18.60 Reichsmark

Physikalisches Handwörterbuch. Von Arnold Berliner und Karl Scheel. Mit 573 Textfiguren. 909 Seiten. 1924.
Gebunden 39.— Reichsmark

Handbuch der technischen Gesteinskunde

Von

Ing. Dr. phil. Josef Stiny

Etwa 400 Seiten mit etwa 350 Abbildungen. Erscheint Ende 1926.

Eine leichtverständliche und dabei doch wissenschaftliche, vollkommen neuzeitliche Darstellung unter Betonung des praktischen, technischen Zweckes und unter besonderer Berücksichtigung der Verhältnisse in Österreich, Deutschland, Schweiz und Sudetenland. Die Gesteine werden als durch geologische Vorgänge gewordene Dinge betrachtet.

Stoffgliederung: Begriffserklärung der Ausdrücke: Gestein und Gesteinskunde; Abgrenzung von der Mineralogie; geologische Grundlagen der Gesteinskunde; geologischer Aufbau der Erde. Erste Einführung in die Bildungsweise der Gesteine. Einteilung der Gesteine. Untersuchungsverfahren der Gesteine (einschließlich Mikroskopie). — Die Durchbruchgesteine. — Die Absatzgesteine. — Umgeprägte Gesteine. — Die technisch wichtigen Eigenschaften der Gesteine und die Verfahren der technischen Gesteinsuntersuchung. — Schlüssel für die Bestimmung der allerwichtigsten, gesteinsbildenden Mineralien.

Technische Gesteinskunde. Leitfaden für Ingenieure des Tief- und Hochbaufaches, der Forst- und Kulturtechnik, für Steinbruchbesitzer und Steinbruchtechniker. Von Ing. Dr. phil. **Josef Stiny.** Mit 27 Abbildungen. 335 Seiten. 1919. (Technische Praxis, Band XXIV.)
3.20 Schilling, 2.— Reichsmark

Verwitterung in der Natur und an Bauwerken. Für Bergleute, Bodenkundler, Petrographen, Bergbau-, Hütten-, Steinbruch-, Beton- u. a. Betriebe und Verwaltungen, Werkstätten, Geologen, Geometer, sowie politische Behörden und Verwaltungen. Von Professor Dr. **Vinzenz Pollack.** Mit 120 Abbildungen und 1 Tafel. 580 Seiten. 1923. (Technische Praxis, Bd. XXX.) 7.20 Schilling, 4.50 Reichsmark

---

Isostasie und Schweremessung. Ihre Bedeutung für geologische Vorgänge. Von Dr. **A. Born,** a. o. Professor der Geologie an der Universität Frankfurt a. M. Mit 31 Abbildungen. 159 Seiten. 1923. 9.— Reichsmark

---

Dynamische Meteorologie. Von Dr. **Felix Exner,** o. ö. Professor der Physik der Erde an der Universität Wien, Direktor der Zentralanstalt für Meteorologie und Geodynamik. Zweite, stark erweiterte Auflage. Mit 104 Figuren im Text. 421 Seiten. 1925. 40.80 Schilling, 24.— Reichsmark

---

Mondphasen, Osterrechnung und Ewiger Kalender. Von Professor Dr. **Walter Jacobsthal.** 124 Seiten. 1917. 3.— Reichsmark